长城文化公园设计策略研究

Research on Design Strategies of the Great Wall Cultural Park

邝芝芳 著

天津大学出版社
TIANJIN UNIVERSITY PRESS

图书在版编目（CIP）数据

长城文化公园设计策略研究 / 邝芝芳著. -- 天津 : 天津大学出版社, 2025. 3. -- ISBN 978-7-5618-7784-5

Ⅰ. TU986.2

中国国家版本馆CIP数据核字第2024B7G385号

长城文化公园设计策略研究

CHANGCHENG WENHUA GONGYUAN SHEJI CELÜE YANJIU

出版发行	天津大学出版社
地　　址	天津市卫津路92号天津大学内（邮编：300072）
电　　话	发行部：022-27403647
网　　址	www.tjupress.com.cn
印　　刷	北京盛通数码印刷有限公司
经　　销	全国各地新华书店
开　　本	787mm×1092mm　1/16
印　　张	10.5
字　　数	188千
版　　次	2025年3月第1版
印　　次	2025年3月第1次
定　　价	79.00元

目录
CONTENTS

第 1 章　绪论

1.1　研究源起

1.1.1　建设长城公园成为保护长城遗产的新途径

2019 年 12 月，中共中央办公厅、国务院办公厅印发的《长城、大运河、长征国家文化公园建设方案》中强调："以长城、大运河、长征沿线一系列主题明确、内涵清晰、影响突出的文物和文化资源为主干，生动呈现中华文化的独特创造、价值理念和鲜明特色，促进科学保护、世代传承、合理利用，积极拓展思路、创新方法、完善机制。"

在经济全球化发展的背景下，人们的基本生活需求已经得到满足，于是开始追求精神层面的满足，在历史遗迹中寻找民族文化自信。长城、长征等文化旅游业也在这种背景下随之而热。统计数据显示，这几年在节假日时长城景区人满为患，但很多游客对于长城遗址的观后感是"看人山人海""长城上的建筑是用来做什么的"等，游客对长城缺乏基本的认知，景区对长城相关的历史文化也无系统性的讲解，这种情况非常不利于长城遗址的文化传承。之所以出现这种情况，主要原因是参观者不了解长城的军事价值，同时景区的规划以及基础设施设计存在一定的不足，没有对长城历史文化进行相关的科普和宣传，许多参观者无法站在遗址上深刻体会长城的作用和历史意义。

本书探讨在河北省怀来县坊口村明长城遗址基础之上建立长城边上的公园，便于游客通过游览长城军事文化公园来了解长城的重要历史信息。本书基于叙事学理论框架下研究长城军事文化公园的设计方法与思路，结合多学科叙事理论与方法，扩展现阶段叙事性设计的视野与思路，营造引人入胜的长城文化景观，使坊口村长城军事文化公园更具有寓教于乐的科普性，从而让长城遗址文化的价值更加突出，让长城文化得到有效传承。

1.1.2 从历史发展层面看长城功能的转变

长城是中国古代重要的边境防御工程，关系着国与国之间关系的优劣，甚至各朝代的兴衰存亡，通常长城设置在沿线与周边具有战略地位的交通要冲、阡陌交叉之处，驻兵防守，遏敌入侵。历经二十多个诸侯国和封建王朝持续两千多年的不断修筑，最终在辽阔的土地上形成了宏伟壮观的万里长城。古代遗留下来的长城记载着历史的传承与信息，保留了当时的历史风貌或民族特色，也体现着某一时期的政治、经济、文化、军事等诸多方面的历史特征、文化和人文理念，是重要的文化遗产精华，具有很高的学术研究价值。当下处于和平年代，长城的防御功能不在，而它的历史也渐渐被当代人抛之脑后。从某种意义上来说，人们只知道长城有防御功能，但对其具有的严密层次性、系统性和整体性等军事防御知识了解甚少。

随着社会不断发展，中国长城的作用也从军事防御功能逐步向文化旅游转变。相关政府和企业纷纷探索长城旅游保护与发展的有效路径，期望建立宣传长城文化与主动保护长城的有效途径。在政府的支持下，具有一定知名度的如八达岭长城、居庸关长城等已成为旅游景点，如何才能丰富其旅游体验的多样性以激活更多散落在民间已荒废的当代长城功能呢？这也是本书研究的缘起。

1.1.3 启发长城非物质文化遗产保护的社会意义

长城和长城聚落作为一种具有特定历史文化现象的建筑聚落类型，其流传下来的传统工艺、民俗等非物质文化有着丰富的信息，为文化遗产保护开发提供了重要的实现线索。

通过实地调研发现，目前除了八达岭、居庸关等通过旅游开发手段得到保护之外，更多散落在民间的长城并未得到有效保护，其衰落的原因主要是明代以后，长城的军事防御功能逐渐被生活职能取代。随着社会的发展、社会的变革以及人们生产生活方式的改变，深山中的人们出行、生存受到影响，长城携带的大量浓厚的历史人文信息将逐渐消失。

本研究对坊口村的长城军事体系、长城村落进行研究分析，总结归纳出其背后的文化价值特点，并在长城军事公园内展示，形成叙事性的长城故事。在追溯历史的同时，对这一极富时代特色的文化遗产给予足够的展示和保护。

1.2 研究概念与意义

坊口村地处河北，距离北京 200 多千米，自然景观丰富，现以长城作为旅游资源，开发了十余栋建筑并将其改造成民宿。基于坊口村民宿经济与景观环境的发展情况，有必要利用长城遗址的文化资源，进一步整合旅游资源，丰富游玩项目，梳理景观叙事方法，为今后长城景观建设实践提供新的理论研究视角。

目前国内许多专家和学者的研究工作偏重于对长城遗产保护的研究，忽视了游客在长城场所体验过程中的重要性，而宣传长城军事文化的内涵是当今长城发挥社会作用的重要前提。国内外对长城军事系统和叙事空间的探索较多，目前长城旅游行业也将关注点转向游客的游览体验。但当前的大多数研究仅仅停留在长城军事文化的理论研究上，并没有将长城军事文化的相关知识很好地传达给游客，缺乏实地的长城军事叙事空间体验相关设计研究。

基于此，本书提出从单一的“游览长城”走向多元的“体验长城军事文化”，以叙事理论为基础，提出了坊口村长城公园景观叙事设计策略，从景观参与者的角度对坊口村长城军事文化公园设计进行引导和影响，使参与者与长城景观之间形成互动式体验关系，同时也为更好地传达长城军事文化叙事语言提供一定的借鉴和指导。本书详细研究了景观叙事，建立了双向互动的反馈机制，这不仅符合长城公园的时代性要求，而且有助于填补当前学术领域的空白，从而建立健全长城军事文化的景观叙事策略。

本书借鉴了国内外相关案例，详细论述了坊口村长城军事文化叙事策略，探讨了坊口村长城军事文化公园设计策略，并从设计实践角度验证了长城公园叙事空间研究方法的效果。首先，通过分析坊口村长城地形特性，归纳出坊口村长城军事文化叙事过程中的要点，并以此为基础为公园规划设计提供指导；其次，坊口村长城军事文化公园的景观叙事分析结论表现出一定的普适性，可以为规划设计其他长城军事文化公园场所带来良好的启示。更重要的是对坊口村长城军事文化的叙事方法理论进行设计实践，激活发展长城文化，带动当地的经济发展，引导大众参与长城文化保护与长城文化科普。

1.3 研究内容

本书的目标一是为景观设计的理论与实践提供研究参考，二是为长城公园景观环境设计提供设计思路。在研究过程中产生了一些阶段性研究成果，本书筛选代表性成果作为论述内容，以“叙事性”为研究主题，探究坊口村长城军事文化的景观叙事设计的可能性，帮助人们对叙事景观所体现出的长城军事文化本质以及特征形成更深刻的认识，将不同的叙事空间形式组合在一起并进行分类，从而全面分析叙事设计理论的意义以及其出现的过程，梳理坊口村长城军事文化公园的主题营造、线索编排、感知体验与审美特质等叙事设计理论，探寻在山地景观中长城军事文化公园优势的最大化表达。

1.3.1 研究思路

首先，以景观叙事和长城军事文化的国内外相关理论为基础，明确坊口村长城军事文化公园的设计方法，研究长城景观叙事角度下各场景的关系。调研国内外叙事景观相关案例的研究成果，对叙事空间和长城军事文化叙事素材进行处理、分析，得出本方案的设计策略。

然后，从项目所在地的现状入手，从长城军事文化、叙事空间、地形分析、文旅资源、功能布局、现有景观等几个角度挖掘其可展示的文化，建立体验式的景观。

最后，基于以上研究和整体村域的规划分析，在场地分析中明确需要的功能等，为下一步的设计工作提供依据。公园设计需要着重关注叙事景观的融入、长城军事文化的处理、公园整体功能的规划三个方面，同时布置合理的公园配套服务设施。专项设计需要在景观叙事这一大背景下，规划长城军事文化主题广场、剧场、展示空间、活动空间等，符合大范围及村域范围的实际需求。

1.3.2 研究阶段

1.3.2.1 理论研究层面

文献研读与分析。研读国内外关于景观叙事空间塑造的相关理论著作及期刊，并加以分析，寻找潜在的关联性。同时，还要探究坊口村的长城军事文化，进行文献查阅和分析。

文献资料和各种已有的相关研究成果的收集是一个重要的过程，为正在进行的研究在深度和广度方面的拓展引领护航。在总结归纳前人成果的基础上，对前人的学术成果进行借鉴，但这并不意味着资料的堆积和照搬照抄，而是避免重复做无用功，找出研究中的缺环、不足以及问题所在，找准突破口，明确目标深入研究。

采用史料查阅与实地调研并重的手段，收集基础性资料，将理论和实践相结合。因为本书以坊口村长城和坊口村落为研究对象，因此对文献资料、史籍志书的深掘便成为获得第一手资料的必要手段。查阅大量的历史文献和相关学术成果，通过描述与阐述、演绎与归纳、比较与综合分析等方式进行逻辑分析，力求全面整体把握研究对象。同时，对研究区域采取深入实地的方式调研考察，考察内容涉及历史学、地理学、军事学、建筑学等方面，可使理论的实证性和直观性有效增强。

长城景观和长城村落处在长城学、历史学、军事学、景观学、遗址保护开发与利用学、叙事学以及建筑学等多种学科的交叉地带，因此本书采用多学科并用的研究手段，将相关的方法与理论应用到研究中。本书试图突破景观设计中的单一学科设计理论的局限性，不仅要研究长城、村落建筑等本身，同时也要深入研究它们所处的历史背景、人文、地理环境等。特别是在对明长城坊口村段的长城以及其村落的系统性研究中，要理清发展脉络，并探讨其与景观开发的深层次的结合发展方式。

1.3.2.2 方法运用层面

实地调查与影像拍摄。实地调查与影像拍摄是最为直接的研究方法之一，通过对意大利埃斯特庄园、北京大兴生态文明教育公园、北京首钢园等一系列景观叙事的学习，对景观叙事的设计形态、组织模式与环境进行实地调研和考察，对坊口村长城现状拍摄、背景资料收集、数据整理形成的资料进行系统的整理，对景观叙事以及长城军事文化有了较完整的认识，这些奠定了本书展开研究的基础。

案例分析法：通过选取国内外比较成功的叙事景观设计案例进行分析，总结出可行的设计策略参考，为本设计提供指导方向。

采集并分析数据信息和文本信息：从地方志、民间传说、历史故事、网络数据等内容中归纳关键主题和信息。

计算模拟法：运用 ArcGIS 计算机软件，对项目坡度、坡向等自然地形因子进行系统化的分析，使其在设计实践过程中更为合理化、科学化。

设计实践：总结归纳景观叙事理论后，基于景观设计原则和策略，将实践与理论结合，并在设计项目中检验其合理性。

第 2 章　长城文化与环境设计思考

2.1　文化遗产保护开发的价值

2.1.1　遗产保护思想和价值论

遗产保护思想受不同时期、不同文化以及不同保护技术水平的影响，导致不同的社会群体对古迹的态度也不同。人们在与历史对话的过程中，不断地重新定义遗产并重新选择处置遗产古迹的方式，这体现了不同时期人们的历史观念、审美意愿以及当时人们追求的价值理性。西方学者对于近现代历史遗产保护思想有着诸多著名的争论战，不同阶段对保护思想的理性认识逐渐得到完善和系统化，形成了较为完整的理论体系。

文艺复兴时期，人们的历史意识不再是中世纪以来的混沌状态，人们开始更多地关注过去对历史、美学的了解，这些行为有利于构成遗产保护价值层面的土壤。阿尔伯蒂《论建筑》的最后一章题目为“建筑物的修复”，这里的修复指的是纠正的意思。文艺复兴的大师们希望将历史价值现实化，认为古迹可以被翻新、重建。例如，罗马的圣彼得教堂因一个半世纪以来的地震、战事和疏于维护，损毁严重，在其后续的维修、拆除和新建中，体现了文艺复兴时期人们对古迹的态度，由早期的保存修缮，逐渐变为后期更新建筑与保护并存的保护思想。

18 世纪，随着启蒙运动的兴起，诞生了现代保护意识。启蒙运动重视线性的发展理念，用科学的方法研究历史，体现了对历史的尊重，同时确立了美学的多样表达。至此，建筑遗产保护具有了理性的基础。18 世纪人们渴望具备获得丰富知识的能力、对事物具有准确判断力以及具有审美情趣，人们相信通过理性的积累和归纳知识可以掌握世界。启蒙运动推动了艺术家创立艺术风格所需要的理性表现范式，推动了艺术受众群体对情趣的培养和判断力的提高。维科提出了重现或再现的概念，这启蒙了后世历史哲学的发展。启蒙运动的本质是反历史性，将过去视为表现而歌颂今日，使得历史与当下产生了巨大冲突。康德在《历史理性批判文集》中以“理性批判”的名义，对启蒙的思想基础和形而上学、认识论、美学和目的论等方面进行剖析，使得理性成为一个不同于中世纪宗教信仰社会的理性社会基础，也可以说理性即现代性。1763 年，温克尔曼成为罗马古物协会主任，通过研究雕塑、绘画和建筑纪念物等古物的价值论，他对新作与原物做出了区分。温克尔曼在现代艺术史中被称为“考古学之父”。罗马雕塑修复者卡瓦切皮将温克尔曼的理论进行实践，认为修复者必须能理解修复对象最初的象征意义，要具备丰富的历史艺术经验。如果修复对象具有争议性就暂时不要去修复，修复的部分要与原来的部分相互协调，要使用统一的材料，在进行修复时要根据古迹的破损面做出适当的调整。例如，18 世纪末期的罗马斗兽场修复工作就执行了这种理念，修复者们测绘了遗址，为了加固东墙，新建了一段砖扶壁。建筑遗产也成了一种身份认同的方式，具有民族国家的概念。人们意识到每个时代的艺术品、建筑都具有历史价值，让保护成为一种特殊的文化，这也是民族身份的投射。同时，国家主义也逐渐发展起来，欧洲国家纷纷建立起立法机构，制定法律来保护自己国家的遗产，利用遗产来强化地方和国家的身份。法国对修复思想坚持得更久，而英国更早地建立起了现代保护观念。建筑师与历史学者出于不同的角度，对保护与修复的思想产生了争论。

19 世纪的历史观念处于矛盾中，仰慕历史，却无法回归历史。在法国大革命时期和工业革命时期，人们进行了非理性的善意修复或者可以说是野蛮的拆除，围绕建筑遗产修复与反修复的争论持续了一个多世纪。雨果是浪漫主义的发起人，他认为建筑自身具有传播能力，他把历史古迹看作人类思想的载体，这种浪漫主义态度在 19 世纪产生了深远的影响。然而，拉斯金和莫里斯对这种历史保护主义与浪漫主义有着不一样的看法。拉斯金也承认历史性，但他更多的是讨论“什么是值得保存的”。在 1877 年古建筑保护协会（SPAB）的成立宣言中，莫里斯认为具有艺术性的、如画的、历史的、古旧的或者有内涵的一切作品都是值得保存的。

20 世纪，在现代主义的影响下，人们对遗产有了新的认识和处置方式，认为历史需要被抑制。蒙德里安在《造型艺术与纯造型艺术》中写道：“过去的艺术对于新思想来说是多余的，有碍于它的进步。”先锋派、构成主义和包豪斯都采取了激烈的反历史态度。现代主义建筑师勒·柯布西耶在《明日之城市》中写道：“历史不再是一种对生活的威胁，历史语境找到了自己的归宿。”莱特和勒·柯布西耶都将历史建筑与现代建筑对立起来，他们认为历史建筑或者城区应被看作静态的博物馆，与今日的城市格格不入。尽管现代主义的浪潮导致了第二次世界大战后的三十年重建，给历史城市造成了巨大的破坏，但人们依然对民族遗产有着强烈的保护诉求，保护思想在现代主义的狂潮下，表现得更加理性、务实。乔瓦诺尼在 1932 年的《意大利文化建筑修复标准》中指出，从历史学的角度出发，不同时期的历史都不能被忽略。乔瓦诺尼秉承了意大利历史主义的思想，他认为历史建筑或历史城区是今日城市结构、建筑形成的来源。乔瓦诺尼评价博伊托工作：“必须尊重各个时期叠加于古迹之上的部分，充分认识到它们的艺术价值。对它们进行结构性修复时，在确保其风格特征得到延续的前提下，需要以现代的眼光，解决其加固的技术问题与再生操作问题。”乔瓦诺尼将这种历史观念进行了实践，同时这种“科学性修复”给 19 世纪以来的修复指出了合理的发展方向。

而后现代主义的历史观念，模糊了过去和今天之间的距离感，历史保护成了如今文化阐释的过程。罗温索在《捏造的遗产》中阐释了当代历史观念对遗产保护的影响，认为过去总被更改比假装过去一成不变来得恰当。遗产必须是持续发展的，还应具有一定的适应性，改造重塑遗产比保护更重要。切萨雷·布兰迪的“创造性修复”指出，艺术品需通过艺术的手法来修复，美学与历史学往往具有冲突性，艺术品的特质使得历史价值处于次要地位。布兰迪把修复定义为旨在延续艺术作品生命力的行为，且通过对作品外观进行局部的完善从而使它能赋予人更多的视觉享受。第二次世界大战以后，建筑遗产保护思想的演进不断以国际法规和宪章的形式体现。例如，《威尼斯宪章》形成了比较成熟的遗产保护框架体系，在国际上得到了认可，并在遗产保护领域获得了认可。遗产保护也开始被反思，人们开始关注其与自然的关系、历史城镇的整体保护、人类学意义上的多样性、保护主体的转换以及可持续发展等问题。建筑遗产保护的重点已从对古迹和遗址的保护转向接受文化的可持续发展，这是保持传统延续的重要手段。

西方的保护思想经历了各时期不断地完善，在 20 世纪初期已经建立了比较成熟的制度化、体系化程序。国内的近现代保护理念起步较晚，但在中国哲学思想里，很早就认识到古代与今天的距离和联系。自古以来，历朝历代官员和民间老百姓都会对破旧的建筑进行修缮，修缮的观念与西方具有明显的区别。在中国传统的修缮理念中，有“修旧如旧”与“因旧为新”两种修缮方法。“修旧如旧”，更多的是遵照建筑等原物风貌修复的原则，不仅是材料如旧、技术如旧，功能等方面也是延续之前的方式。“因旧为新”，是参照原来的形制，在表面上进行翻新。例如，中国传统木结构建筑上的彩色漆和彩绘画具有保护作用，但经过长时间的使用，表面的漆掉落会导致木结构受损，影响建筑的使用寿命，而不断的修缮使得古建筑可以长期被使用。在中国的保护实践中，重建与修复是常态，但一些建筑经历多次重建，是否会失去历史价值，有待商榷。

20 世纪初，以梁思成为代表的中国建筑理论奠基人在接触了西方的建筑保护思想后开始传播现代保护思想。1934 年，梁思成在《修理故宫景山万寿亭计划》一文中，阐释了“整旧如旧”的保护理念。他提出修理古物的原则，是在美术的基础上，以保存其原有外观为第一要义，所绘彩画花纹，俱应仿古，使其与旧有一致。在新材料、新技术的使用问题上，梁思成认为保护古物的关键在于将今日所学的相关力学知识和新材料，尽量都用于补救原有结构上的缺点，而在外表上，要维持和恢复最初的形制。梁思成发现了早期修复所带来的危害。1991 年，梁思成诞辰 90 周年之际，清华大学建筑学院“梁思成建筑思想研究组”发表了《梁思成的古城保护及城市规划思想研究》的系列文章。此后，一些学者研究梁思成保护思想并发表文章，例如吕舟的《梁思成的文物建筑保护思想》，一些在海外留学的学者也从其他角度分析了梁思成的保护思想。

20 世纪 80 年代，以陈志华为代表的当代中国建筑理论家开始翻译和系统地介绍西方的保护理论。1986 年，陈志华在《世界建筑》杂志上将《威尼斯宪章》的全文发表出来。《威尼斯宪章》的传播，使人们开始了解“修复”不等于“复原”，文中提到“任何不可避免的增添部分都必须跟原来的建筑外观明显地区分开来，并且要看得出是当代的特征”。这与梁思成的整旧如旧的理念是有明显区别的。

1930 年，以中国建筑师为主体的中国营造学社成立，它是中国近现代史上第一个保护与研究文物建筑的组织。学社对中国古建筑进行了大量的调查、研究、测绘与修复工作，这些开创性工作直接影响了中国现在的保护实践。1911 年，辛亥革命推翻了清朝政府的封建统治，皇家御苑、坛庙陆续成为老百姓可以参观的开放公园。新中国成立后，由于刚经历了战乱，大量文物古迹遭到破坏，百业待兴。保护北京各建筑文化遗产的前提是以城市建设和发展需要为主。与西方一样，中国也经历了大规模拆除改造，这个过程中曾产生过很多争论。

单霁翔、王其亨等学者对遗产保护史进行了深入的研究。如单霁翔在《从“文物保护”走向“文化遗产保护”》中指出，21 世纪文化遗产保护工作的一个重要的特征是从“文物保护”到“文化遗产保护”的转型，书中对中国遗产保护的过去、现在与未来进行了总结、分析和展望。吕舟编著的《文化遗产保护 100》一书中展示了众多文化遗产保护项目，可以看到近年来中国文化遗产保护观念的发展，历史价值得到重视，书中强调了文化遗产和社会发展相结合，公众参与保护的效应等完整性的保护理念。例如，北京历经金、元、明、清四代帝都的建设，留下了大量的皇家建筑遗产，现存较完整的文化建筑遗产主要以明清两代为主。改革开放后，国家经济发展迅速，精神文明也随之发展起来，国家制定了相关法律法规体系的保护制度。例如，对北京的颐和园、景山、北海、香山、十三陵等皇家御苑进行修缮和整治，对古建深入研究然后将其修缮并恢复其建筑功能。近十年来，我国围绕遗产范围拓展、文物建筑保护、环境综合治理、综合研究和展示等方面进行了大量的研究和工程实践，在遗产以保护为主的基础之上深度挖掘其价值并充分发展利用，满足其在当代的遗产功能。但保护与利用仍在发展的道路上不断前行。国内学者陈曦在《建筑遗产保护思想的演变》中对近现代西方的建筑遗产保护思想做了详细的阐释，并论述了对建筑物的改建可以避免因为过度保护而产生恋物情结，也为摘除建成环境提供了一个重要的选择。《中华人民共和国文物保护法》提出“保护为主、抢救第一、合理利用、加强管理”的方针，明确指出保护是利用的前提。在保护的前提下对古迹进行开发利用，使文化遗产积极地融入当前的经济社会发展中，传承历史、体现文化特色，维系人们的记忆与情感。

2.1.2　古迹美学的思想

在历史迭代更新的过程中，每代人基于当时的审美意愿，对历史文化遗产有着敬仰或是摒弃的态度。西方的学者在 14 世纪对古希腊和古罗马的历史进行了大量的研究，并表现出对古迹废墟美学的崇拜。文艺复兴的建筑师从古代的遗迹中找寻失去的文明和可学习的范式。这个时期的艺术家发现了古代艺术品中所承载的纪念价值和文化价值。拉斐尔（被称为“纪念物保护之父”）在给教皇的信中提到，古代的庙宇、雕塑、拱门等纪念物所代表的是过去意大利的辉煌时刻，它们是历史的证据，是新建筑的范式，不应该被摧毁。1515 年，教皇任命拉斐尔为罗马大理石与石材长官，一方面是为了赋予其加快建设圣彼得教堂的权力，另一方面也是对教堂现有的建筑、艺术品等重要文字和印记的保护。文艺复兴时期的保护策略让人们意识到古代遗迹中蕴含的历史、艺术价值，为现代保护意识的出现和发展奠定了基础。

18 世纪是英国工业和贸易最鼎盛的时期，这一时期的英国经济发展迅速，国力强盛，开始了上层精神文明建设。一些知识分子和艺术家非常关注历史遗迹和建筑的保护，他们探索古迹、整理古迹文献、欣赏废墟的美。18 世纪末，英国掀起了哥特复兴运动，废墟美学的概念随之而生。随着考古学的发掘，人们开始对废墟美学有了更加客观和理性的认识，与此同时，废墟美学在英国得到了推广，英国成为最主要的古迹保护发源地。废墟美学主要有三个来源：一是文学界将古迹废墟与传奇故事联系在一起，赋予古迹废墟一定的浪漫故事背景；二是美学上的偶然性与不确定性与废墟自身的不完整性相契合，它们都无法保持原有特征；三是英国文化对自然野趣的偏爱，18 世纪卢梭倡导“回归自然”，人们的偏好由规则式的巴洛克风格园林转向了自由式的花园景观。园林设计师斯维泽在《乡村园林设计或贵族、绅士和园艺家们的娱乐》一书中提到：“一片废墟比最美丽的大厦更能使人愉悦，它能让心灵深处的哀思飞向天堂。”废墟美学的确立对于历史建筑保护思想的发展有着巨大的影响，让人们不再漠视历史古迹，接受废墟这种破败状态的存在，产生对历史的敬畏以及懂得欣赏废墟美学。

19 世纪末，一些艺术史学家将艺术理论与保护理论结合起来，这种美学认知上的变化影响了人们对古迹价值的认知。例如，里格尔在 1903 年发表的《纪念物的现代崇拜》一文中阐释了纪念物的关键价值所在。他从历史学角度出发，将价值分为三类：一是如金字塔、方尖碑等具有的纪念性价值；二是如神庙、教堂等具有的历史价值；三是如废墟具有的年代价值。他认为年代价值领先于历史价值，随着人们审美的变化，更容易与人产生共鸣。里格尔从艺术价值角度出发，列举了使用价值、新物价值、相对艺术价值，认为当代的美学重点是如何看待取舍的艺术价值。里格尔提倡认识和尊重年代价值，在其他价值与年代价值有冲突时，年代价值要让步，要将延缓衰老作为古迹实践保护的策略。在“如何保护”的问题上，里格尔指出各种价值存在竞争关系，并给出了各种价值相互对立时做出妥协的范围，在保护思想的实践工作中起指导性作用。1877 年，里格尔在 SPAB 宣言里指出了年代价值的正当性。1930 年，《雅典宪章》吸收了里格尔对历史价值、使用价值、艺术价值的论述，可以说里格尔的历史保护思想起到了承上启下的作用。

20 世纪初，以梁思成为代表的学者提出的中国古建筑保护理念在国内广泛传播。赖德霖指出，梁启超创建的中国美术体系极大地影响了梁思成的实践工作。同时，梁启超、朱启钤等知识分子的新史观思想，是促进梁思成历史意识和审美意识形成的关键所在。以梁启超为代表的知识分子，认识到历史是不断进化发展的。梁思成在《平郊建筑杂录（上）》中提出，残破的“建筑意”，将这种历史、艺术、文化价值以诗意的“意”形容出来，同时他也在《中国建筑史》中提到“中国建筑既是延续了两千余年的一种工程技术，本身已造成一个艺术系统，许多建筑物便是我们文化的表现，艺术的大宗遗产”。梁思成采用科学的方法记录与考察古迹，呼吁全社会人士参与古迹保护事业，他对于历史建筑的演变也有着深刻的认识。梁思成在《中国建筑史》中还写道：“中国建筑之个性乃即我民族之性格，即我艺术及思想特殊之一部，非但在其结构本身之材质方法而已。”梁思成认为每个时期的建筑都有其风格特征，如隋唐的建筑大都倔强粗壮，而宋中叶以后的建筑大多纤靡文弱。

2.2　从“标本式”走向“活化式”：长城文化景观与环境设计实例论①

从前文对于国内外遗产保护思想发展历程的研究中发现，目前的文化遗产更多强调与社会的共同发展。由国家组织保护的遗产数量有限，大量的保护工作需要民间团体或个人配合完成，一些成功的商业团队聘请了城市发展和建筑历史方面的专业人员，他们对遗产保护和利用发挥着相当大的作用。长城文化发展在多

---

①　本部分内容节选阶段性成果，邝芝芳：《基于〈考工记〉设计思想的长城村落文化营建探讨》，载《艺术与设计（理论）》，2020，2（9），第 64-65 页。

方协作下，由八达岭、居庸关等“标本式”的场景，逐渐走向司马台长城、坊口村静西谷长城段等“活化式”的生活、游乐场景。这些长城文化的复兴，不仅仅延续了长城的历史文化，也让民众获得了参与感、自豪感，以及对地区的认同感和可持续发展的推动力。

当代的历史古迹很难做到也不必做到“标本式”的保存，应以积极的态度注入延续传统风貌的现代特征，让古老的肢体重新焕发出活力和健康的气息。

2.2.1 案例选择与概述

随着旅游业的发展和专家学者的研究及实践推进，位于怀柔区司马台长城旁的古北水镇综合旅游区、位于怀来县的坊口村静西谷特色文化旅游小镇以及慕田峪村的小园精品民宿已在国内推广，取得了一定的成效并获得了国内外设计界的褒奖。通过实地考察调研以及对我国长城村落发展的项目案例进行比较研究，发现关于长城的理论和案例研究较多，其中长城的旅游建设开发是研究热点，而针对长城村落特色文化营造的实践研究，则多是个案分析，总体而言尚缺乏对我国长城村落特色文化营造的案例比较与综合分析。国内的保护项目具有特殊性和复杂性，当今很多保护项目是为了推动当地经济、发展旅游文化而设立的，同时商业化运作也越来越多进入建筑遗产保护领域，当政府、居民、开发商和建筑师各自的立场和价值观念不一致时，专业上的保护理念和实践工作会难以进行。开发商在面对建筑遗产价值和商业环境的权衡时，往往会牺牲建筑遗产的某些价值。从国外保护的历史来看，由于国家组织保护的建筑遗产有限，大量保护性工作需要民间团体配合完成。这些团体包括居民、参观者、媒体评论员或是对项目感兴趣的人，他们发挥着相当大的作用。而专业人员拥有城市发展和建筑历史方面的专业技能，技术上也拥有足够的权威。

综合考虑地理分布、地域文化、项目特色的代表性和发展性成效，对长城沿线村落进行案例研究，所选案例（即古北水镇的综合型、静西谷的文化型、慕田峪小园的在地型）在地理分布上均处于丘陵山区，并都保存了完好的古村落建造风貌，所选用的项目特色都是发展地方残垣的长城文化，是长城营建环境和旅游开发较为成功的典型代表（如表 2-1 所示）。

表 2-1　长城村落文化营建特征解析表

案例名称	基本信息				营建策略			
	行政区划	军事职能	项目类型	营建内容	时域："天有时"	地域："地有气"	选材："材有美"	工艺："工有巧"
古北水镇	北京市密云区	明蓟镇古北口	综合型	河道景观、主题酒店和民宿、五星级酒店、音乐广场、温泉广场、商业街等	司马台长城：万历年间由著名将领戚继光亲自督建。 古北水镇旅游区于 2014 年正式对外营业	村落借长城对面之景而建，重构空间构筑、自然地形与水系三者的关系。现存司马台长城、杨家将故事、白乙化烈士陵园、戚继光功绩碑等人文景观	灰砖、水体、爬墙虎等观叶植物	新建建筑、改造建筑、仿长城的石砌方式、台阶仿长城石踏步
静西谷	河北省张家口市怀来县坊口村	明宣府镇横岭城火石岭口	文化型	文创产业基地、乡村博物馆、乡村美术馆、设计师精品酒店、制陶手工业等	踞虎关长城：建于明永乐年间。 静西谷于 2015 年营业，由建筑设计师刘域领导其团队对村落进行改造并规划民宿	临明长城，小院依山势而建，院落建筑互为借景。考虑小气候环境等原则	老房子中的长城砖、红砖、土砖、实用果蔬	改造建筑、砖的多样拼接、新建建筑
小园	北京市怀柔区慕田峪村	明慕田峪关黄花镇	在地型	瓦厂遗址民宿、玻璃工艺等	慕田峪长城：1368 年由徐达在北齐遗址修建而成；1996 年，美国人萨洋租下慕田峪村的房子并改造为民宿	村落的建筑处于改造中，无较大地形高差	琉璃瓦、红砖、玻璃艺术工艺、爬墙虎等观叶植物	改造建筑、琉璃瓦材质的拼接技术

古北水镇案例是综合型长城村落文化营建的典型，以司马台长城历史遗存资源作为营建背景，融合了历史人文和自然景观文化，再现历史场景，形成多功能、高品质的综合型旅游区。静西谷案例是文化型营建的代表，陆续入驻的新文创产业，使静西谷成了一个艺术文化型长城村落。小园案例是较早期的在地型长城村落文化营建项目，在构建地域特色文化开发旅游中，利用村中原有的历史遗存的琉璃厂文化作为建筑营造的主要元素，体现了其在地型特征。

综上，三个长城村落均从建造时间和背景、环境、材料、工艺体现了“天有时”“地有气”“材有美”“工有巧”原则，实现了长城村落与长城文化资源的可持续发展。

2.2.2 长城文化营建策略解析

2.2.2.1 建造的时域原则——“天有时”

中国传统的营建文化尊重客观自然。《考工记》中提到的“天有时”是指顺应天时，是自然时间的概念，在古代造物实践中，“天时”也包括了其当时的社会背景。“天时”作为自然营建原则，在营造中起到了至关重要的作用。对时代背景的把握是长城村落设计的基础。长城经历了春秋战国、秦、汉、隋、唐、辽、金和明代等10余个政权，在过去两千多年的时空里，通过历代修缮和增补，形成了规模庞大的军事防御体系。在历史上长城面临的社会使命不同，所在环境存在差异，其体现的特定时域的特点也不同。 古北水镇和静西谷依托长城文化遗产资源均体现了明显的时域特征，二者的营建依据国家所号召的乡村振兴等的政策背景，其发挥了当代长城的作用。

综合型。司马台长城位于北京市密云区的古北口镇境内，此段长城全长19千米，有敌楼35座，始建于万历年间，由著名将领戚继光督建。司马台东段长城蜿蜒起伏，立于巨崖峭壁之上。依司马台长城而建的古北水镇，是在三个原自然古村落的基础上改造而成的，背靠险峻的司马台长城，小河穿镇而过，形成了北方少有的水乡特色，与音乐广场、温泉广场、商业街等共同构成了综合型长城村落。

文化型。静西谷，地处河北省张家口市怀来县瑞云观乡坊口村，位于明长城南侧。在春秋时期地属燕国，为上谷郡，曾被东胡占据，后被燕昭王击退，并筑长城以拒之。明代，位于明长城的横岭路段，是居庸关往西的一道关口，地理位置重要，是整个防区的前哨地带，是进入京师的要道，明代设兵驻守，由此得名防口。坊口村静西谷四周环山，民居建筑未被城市化，均保留了原有的坡屋顶构造。民间的长城常年无人监管，踞虎关段长城的建筑主体早已不复存在，仅留石砌的基础，长城砖曾被村民用于建造房屋。村落空心化严重，产业不发达、人均收入低。长城文化在偏远地区长期不被重视，面临严峻的文化遗失。静西谷项目所面临的社会使命是引导大众关注长城文化，发展旅游业以提高地方政府和村民收入，建立乡村博物馆、乡村美术馆、设计师精品酒店、制陶手工业等文创产业，从文化上推动中国传统文化传承和发展农村经济。

在地型。慕田峪长城是1368年由朱元璋手下大将徐达在北齐遗址基础上修建而成的。围绕慕田峪长城而建的小园民宿酒店位于慕田峪长城脚下的北沟村。慕田峪长城所在的怀柔区三渡河曾拥有北京市怀柔区唯一一处生产琉璃瓦的作坊，如今已成为一家倡导生态旅游的乡村精品酒店。长城更是成为有序组织主体沿线自然环境、沿线村落、区域经济基础的重要的文化遗产。

另一方面，“天有时以生，有时以杀；草木有时以生，有时以死，石有时以泐，水有时以凝，有时以泽，此天时也”是指，随着地区、季节的不同，万物会有不同的形态，这些都是天时造成的，因此长城文化的营建需要遵循天人合一的自然观。如静西谷考虑到冬天寒冷，在门前设置玻璃长廊，冬季以抵挡寒风 ，如图 2-1 所示。同时考虑到寒冷季节较长，因此向院内开窗较多，以便接收更多的阳光，建筑北面窗户较小，甚至不开窗，可将其形成冬暖夏凉的小气候环境。夏季时，营建多种户外活动场所：将农村原有的马棚改造为石砌小茶室，还原农耕环境的同时兼具乘凉的功能，并且在大人可视域内设置儿童娱乐的滑梯、秋千等设施 ，如图 2-2 所示。静西谷，响应当下社会需求，使游客和村民都能参与到文物保护中，在营建中顺应天时、遵循自然法则，起到了典范作用。

图 2-1　静西谷 1 号院内的走廊

图 2-2　静西谷 1 号院内的滑梯

2.2.2.2　建造的地域原则——“地有气”

“郑之刀，宋之斤，鲁之削，吴粤之剑，迁乎其地而弗能为良，地气然也。”意思是，有些物品若是离开了当地而制作，就很难成为精良的作品，这是地气造成的。

“地有气”一方面是指由于建筑所处的地理环境（当地的土壤、地形、植被等）不同，从而一定程度上会影响建筑的结构和外观，如静西谷建在山坡上，陡峭的地势成了建筑基础的一部分，形成了钢架挑空建筑样式，可带来不同的视域体验。在进行静西谷建筑创作时，充分尊重自然地形并利用高差，将视线与周边山体和长城形成可视性，巧妙地将自然山体景观引入建筑内部，静西谷在景观营造中考虑环境，达到物境与情境的契合，如图 2-3 所示。另一方面由于不同地理区域有不同的人文环境，因此建造时要处理好地理环境与人文环境之间的关系。古北水镇同是营建“地有气”环境的典型案例，山、水、建筑、长城共为一体的古北聚落造就了其景观独特的地气，同时还原了生活之气，如烧酒坊和印染术，再现了古镇市集里的传统技艺，体现了传统文化的精神内涵。古镇与长城遥相呼应，建筑与山体、水体融为一体，重新表达了空间构筑和自然地形、水系三者的关系，如图 2-4 所示。

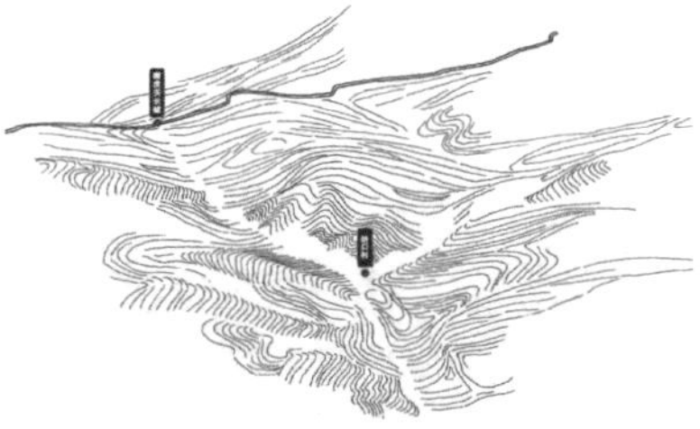

图 2-3　坊口村静西谷地形图

图 2-4　古北水镇地形图

2.2.2.3　建造的选材原则——“材有美”

“材有美”指的是设计时必然需要通过一定的材料来实现，选择合适的营造材料，需要先了解其产地的土壤、气候等环境特性。如《考工记》中有详细的记载：“燕之角，荆之干，妢胡之笴，吴粤之金锡，此材之美者也。”由此可见，选材需先了解其特性与功能之间的关系。

在考察以上案例中文化营造的体现时，发现就地取材、使用因地制宜的特色材料表达村落的文化是其共同的特点。特色文化的营建是打造长城村落的重要环节，通过对当地现有资源的调查，挖掘村落的历史文化，发展村落特色民宿。如慕田峪长城下的小园利用流传下来的瓦厂作为文化特色营建出发点，选取彩色的琉璃瓦材料作为建筑和路面上的设计点缀元素，同时拓展村落发展文化商品的路线，如玻璃艺术品的展示，丰富了村落的材质之美，如图 2-5 所示。古北水镇在建筑改造过程中利用村落建筑拆迁后的废旧砖、瓦、木材等材料，结合北方民居中的清水脊、砖雕、木雕等营造要素，降低成本和体现生态的同时增加了古北水镇的建筑样式，更为融洽地展现了司马台长城文化的地域特色，如图 2-6、2-7 所示。

图 2-5　慕田峪小园的琉璃瓦元素

图 2-6　古北水镇的砖石元素 1

图 2-7　古北水镇的砖石元素 2

长城墙体建筑多由石头、夯土、砖这三种材料建造而成。以砖作为修筑长城的主要材料的长城，只有明长城存在。在静西谷案例中，设计师刘域将原始村落建筑中的长城砖重新整合，作为村落最重要的设计材料展示元素，将其运用于改造后建筑的主要视域墙面和地面铺装上，体现长城的历史性和主题性。坊口村建筑的长城砖多为长砖，是城墙使用最普遍的砖，经高温烧制后为青灰色，正面较光滑，反面粗糙，绝大多数尺寸为长 37 厘米、宽 15 厘米、厚 9 厘米。设计师以新砖为基础材料，将文物长城砖巧妙合理地分布于重要观赏区域，如地面、水井、重要墙体部分，游客可近距离感受长城的材质之美，如图 2-8 所示。

图 2-8　怀来静西谷

2.2.2.4　建造的工艺原则——“工有巧 ”

在传统营建技术中，对材料的认识和利用，不仅要考虑材料的质地，还要掌握材料工艺的科学性，以符合其自身的程序和方法体系。“凡斩毂之道，必矩其阴阳。阳也者，稹理而坚；阴也者，疏理而柔。是故以火养其阴，而齐诸其阳，则毂虽敝不蔽。”由此可见，同样取材于一棵树，向阳面的纹理较密而木质较为坚硬，背阳面的木质则较为柔软，这时需要用火加工烘烤，统一坚硬度，否则会在使用过程中缩耗而使表面不平整，《考工记》体现了工艺与艺术的严谨结合。

砖是明代时期修筑长城时使用的主要城墙建造材料，砖比其他材料更耐高温和耐湿，因此长城砖经历几百年的霜打雨淋、风吹日晒后还能完整地保存下来。长城砖在制作过程中对温度和含砂质黄土的配比有严格的规定。同时，明代烧制长城砖窑址一般选择离水源近以及黄土和柴火资源好的地方，离城较近，短距离的运输可降低成本。如大岭寨砖窑就是依照以上原则选址，东侧有清河，便于取水烧制，东侧山顶即是城体。长城砖按其外形特点和建造用途可分为：长砖、方砖、异型砖、望孔砖、垛口砖、射孔砖、旗杆砖以及位于城墙上的流水砖槽，在长砖和方砖中又有带文字砖和无文字砖两类。明代烧制长城砖时有较为明确的分工和管理，有一套相对完整的体系。静西谷在原有长城砖的工艺利用中，拓展了砖的不同拼接工艺并形成了文化型长城村落的特色设计元素，如图 2-9 所示。

图 2-9　怀来静西谷长城砖装饰

2.2.3　小结

上述案例的 4 个指导原则都值得借鉴，我国长城村落的营建普遍存在特色文化环境营造缺乏的情况，长城特色文化营建缺乏的主要原因在于随着长城功能的改变，长城本体的文化发展过于单一。本节基于对《考工记》中的营造指导思想和我国现有长城村落特色文化营建模式的总结，对其理念进行探讨，论证了《考工记》的设计研究方法在长城文化发展建设中有着指导性和可行性。采用传承传统设计理念的案例研究方法，浅析《考工记》中设计原则的广度和纵向深度，对我国长城村落特色文化营建提出以下建议。

（1）重视长城自然地理环境的营建。在特色文化营建的过程中，长城村落营建应具有长城山势特有的地理归属感和场所感，达到《考工记》中所要求的天人合一的设计境界，使其发挥当代长城文化的展示功能。

（2）加强当地特色材料和工艺资源的多元整合。建议根据长城的在地文化情况采取当地文化引导和长城文化倡导等多种营建策略，逐步建立长城村落“天有时、地有气、材有美、工有巧”的设计美学体系，并发展生态材料，建立可持续发展的策略，帮助长城村落发展生态友好环境。

（3）加强长城文化建设以提高人们的长城保护意识。利用传统的设计方式和地方历史资源，强化人们对于长城村落的文化发展与传承而形成的共识。静西谷案例中营建村落的长城文化，以及综合开展长城文化体验游等方式值得借鉴。对于长城村落文化的调研、营建和展示，激发人们对传统长城文化的热爱，是营建长城村落特色文化的基础。

2.3 理性反思与发展

正如前面所分析的，保护思想在经历了两个多世纪的发展后，逐渐变得追求价值性。保护的概念具有越来越多的动态特征，保护的准则也更多考虑到多样性问题。而中国在经历半个多世纪的文物保护和遗产事业发展后，逐渐意识到文化遗产保护与利用的重要性和紧迫性，形成了中国特色文化遗产保护思想。文化遗产保护的重要国际会议陆续在中国召开。1998 年 4 月通过《保护和发展历史城市国际合作苏州宣言》；1999 年 6 月通过《北京宪章》；2000 年 10 月通过《中国文物古迹保护准则》等文件；对历史城市、古迹遗址及其周边环境、文物建筑的保护与展示做出规定。同时，包括长城在内的古建筑遗产保护的重点已经从过去对单体古建筑和遗址的保护转向延续传统文化的可持续发展。正如《威尼斯宪章》中提到："人们把古迹视为共同的遗产，认识到后代守护这些古迹是共同的责任。"保护遗产文化是为了真实、完整地诠释历史文化遗产的内涵和价值，并将其展示在公众面前，让公众全面了解历史文化遗产、提高文化遗产保护意识，并达到文化遗产可持续发展的目的，发挥历史文化遗产的价值作用。

长城文化的理性发展如今所遇到的困境，总结起来，主要有以下几点。

首先是对于遗迹现场缺乏实质性的规划与利用，没有将古迹遗址的长城文化信息通过有效的方式呈现出来。每个长城段的阐释和由此规定的保护、修复对象范畴有着决定性的差异。中国历史悠久，文化遗产种类繁多，在历史遗产保护、合理利用、公众教育等方面的背景中显现出不同于西方文化遗产的特点，使得以《保护世界文化和自然遗产公约》《巴拉宪章》《国际文化旅游宪章（重要文化古迹遗址旅游管理原则和指南）》《关于文化遗产诠释与展示宪章》为代表的西方保护准则也需要在遗产展示与遗产的鉴定、保护、保存传承等方面进行适应性的调整。

其次是对古迹遗址的长城文化展示性的研究不够深入，价值观念与实践的关系存在脱节的情况，如何定义长城军事文化，如何认定长城价值，如何让遗产的内涵价值得以充分展现，如何与当代文化更好地结合，等等。所呈现出的问题正是长城文化理性发展遇到的挑战。虽然遗产展示是文化遗产保护工作的重要组成部分，但在中国全面重视遗产保护的今天，长城遗产展示在遗产保护中的重要性和必要性，还没有受到足够的重视。

第 3 章 景观叙事与理论依托

3.1 景观的释义与范畴

本书所使用的“景观”与人类生活环境相关，其中环境与人的心理和行为关系紧密，是一个包含了自然因素、社会因素、人文因素的综合概念。唐军在《西方景观建筑学的价值批判》中阐释，景观既是由不同土地单元组成的具有明显视觉特征的地理实体，也是包括了建筑、道路系统等人文要素的综合载体，兼具经济、美学、生态等价值，受人类活动和土地特征改变的影响，是一个动态、自然和社会的系统反映。本书基于长城公园景观环境的叙事视角，从“环境特征、历史文化、美学认知”三个方向探讨长城景观叙事问题。

从词源变化上看，英文景观“Landscape”中的“Land”一词公认为来源于德国地理学家用的“Landschaft”。据考证，现代英语中的用法与荷兰词汇“Landschap”为同义词，最早出现在 1598 年的历史文献中，由荷兰画家发明，本意为“大地的一片区域或一片地带”，代表内陆田园风景绘画。1938 年，英国景观设计师唐纳德在《现代景观中的园林》一文中提出了功能的、美学的、怡情的设计理念。19 世纪下半叶，德国地理学家 F. 拉采尔（F.Ratzel）将文化景观称为历史景观，并指出景观反映了一个地方的历史文化体系和地理特征。19 世纪，随着美国替代英国成为世界经济领导者，景观行业的发展重心也逐渐向美国偏移。美国人 A.J. 唐宁（Andrew Jackson Downing）将风景园林学（Landscape Architecture）传播到美国。在美国的景观设计师奥姆斯特德（Olmsted）的积极推动下，景观在美国得到了极大的发展。索尔（Sauer）在 1920 年将景观定义为一个由自然形式和文化形式突出结合构成的区域，将景观形态学代指地理学。20 世纪以来，随着科技的发展以及强调观察者感知体验的基础上，景观不断发展，已具有科学和美学的双重特征。2000年，《欧洲景观公约》(The European Landscape Convertion，简称ELC)将景观定义为：“人们感知到的，以自然因素和(或)人文因素作用及其相互作用结果为特征的场所。”

在社会经济和国内外学科交融发展的今天，人们不断重新认知景观，景观在当下的中文语境中与英文的“Landscape”没有太大的差异。当今的景观在汉语中的意思为某地区或某种类型的自然景观，也指人工创造的景色。在中国传统文化中，“风景”为更常见的词汇。风景最早记载于《晋书·王导传》：过江人士，每至暇日，相要出新亭饮宴。周𫖮中坐而叹曰：“风景不殊，举目有江河之异!”。中国传统景观中对于山水的偏好和天人合一的精神思想追求、寄情于山水间的意境，成为中国景观意识的渊源。

当前对景观的研究来自风景园林学、地理学、生态学、美学、文化遗产等多个学科视角。许多学者指出，景观不仅包含自然要素和人造要素，还包含非视觉的生态、历史文化价值、娱乐等功能。俞孔坚主张将“Landscape Architecture”翻译为景观设计，并指出传统的风景园林以唯美论为核心，而景观一词更注重科学然后才关注艺术美学的理念。刘滨谊在《风景景观工程体系化》中总结了国外学者对景观的定义：景观是地形和地表形成的富有深度的视觉模式，其中地表包含水、植被、人工开发和城市；景观是观察点所看到的自然景观；景观是在乡村环境中，人类得以控制安排起着决定性作用的自然面貌；景观是地表某一地区有别于其他地区的总体特征。这些特征不仅是自然力的造化，也是人类占有土地的产物。刘滨谊还在其书中阐释了风景景观综合理念，并认为景园、境界、山水、景致、风光属于景观客观存在的形式，总称为“景观”。

李和平、肖竞在《我国文化景观的类型及其构成要素分析》一文中借鉴了欧美国家的分类标准，结合我国历史遗产的地域性，将我国的文化景观分为了五类：第一类是以古代园林、陵寝以及周边环境整体设计的建筑群为主的设计景观；第二类是曾经见证了重要历史事件但已被废弃或者失去了原有功能的遗址景观，如北京的圆明园遗址；第三类是场所景观，是以历史城镇中的相关文化等为主的广场空间，例如南京夫子庙前广场空间等；第四类是聚落景观，由历史建筑、构筑物和周边环境共同组成，展示了历史的演变和发展，包括了历史村落、街区等；第五类是区域景观，是以名胜区、文化路线、遗产区域等为主的一种大尺寸的景观，其强调相关历史遗产之间的文化联系。重庆大学杜春兰教授指出：“如果从遗址保护展示的角度定义景观的话，景观就是能够给人带来愉悦感受的自然的或历史的、现代的人工景物及其蕴含的深刻的文化意义。”

上述对于景观的研究从词源学上涵盖了主观和客观的两种释义。景观是一个综合的概念，不仅与客观的物理结构信息相关，还包括了景观与人之间的关系。景观是心物结合的产物，心物之间相互依存，对人自身的研究和景观变化会影响景观的存在方式。所以，只有将景观和人关联，研究人的行为和景观的建构，才能构成整体的景观。同时，景观承载着历史文化，其被赋予特定文化内涵和意识形态的同时，也将承载、传播、沿承历史信息，这也是景观所具有的客观文化意义和历史价值。国内近年来对景观的探索研究和历史文化传承表现出了重视与热情。一些文献通过和自然学科、社会学科交叉借鉴研究成果，发展出将发掘、整理地域性历史文化等方式方法并应用于景观设计的实践中。

3.2 叙事视角下的景观概念

叙事主要来自语言学与文学，关于叙事的讨论可以追溯到古希腊亚里士多德的《诗学》。叙事学（Narratology）是对叙事文本进行研究的理论，通过在时空中有序编排故事、活动、场景、人物、道具的形式，使读者或观众获得某种主题的信息。就叙事学研究本身而言，它主要集中于两个不同的层面：一个是叙事结构的层面，它研究叙述（不论是以何种表现媒介出现的）性质、形式、功能，并试图归纳出叙述的能力；另一个则是叙述话语的层面，它研究叙事文本中话语表现模式中的时序状况与事件，集中于故事与叙述文本、叙述过程与叙事文本以及故事与叙述过程之间可能的关系。美国叙事理论家杰拉德·普林斯（Gerald Prince）在他的《叙事学词典》著作中指出叙事是对一个或者一个以上的真实或者虚构事件的叙述。叙事是通过语言或者其他媒介再现发生在某特定时间和空间里的事件。叙事可以简单地理解为讲故事，是人类本能地表达信息的一种方式。

所谓景观叙事，就是让景观在特定的场景中讲述故事。马修·波泰格（Matthew Potteiger）和吉米·普林顿（Jamie Purinton）所著的《景观叙事——讲故事的设计实践》一书里认为景观与叙事体两者之间是相互作用的关系，彼此之间影响，进而提出了景观叙事的概念。这本书对理论和实践两方面均进行了阐述，在景观叙事中可以利用历史事件或者神话等叙事文本，通过命名、序列、揭示、聚集、联想、暗示等策略来讲述景观历史故事，唤醒集体记忆，并得出转喻、隐喻、提喻和反讽等叙事理论，这也让景观具有更多层的叙事含义。

公园景观，一般是指政府或者组织单位修建并经营的作为自然风景观赏区和供公众休息游玩的区域，有着改善生态环境、供市民游憩活动、科普教育、文化宣传等综合功能。随着我国生态文明的建设和发展，科普教育、文化宣传已经成为公园的重要功能，公园成了传承与弘扬传统文化、时代精神，讲好中国故事的重要载体。公园景观叙事的客体一般包含两方面：一方面是构筑物、山水花木、园路等物质性载体；另一方面是以图像、声音、文字等作为叙事媒介的非物质性载体。这些丰富的景观叙事载体让公园景观更具科普性、体验性。通常，公园景观叙事需要借助一定的题材和主题来整合叙事载体。陆邵明在《景观叙事：解码海派古典园林》一书中提到景观叙事题材来源主要有历史片段、社区记忆、名人简历、风景名胜故事、民间传说、工艺流程等题材。同时，景观场景之间需要一定的叙事结构与编排策略来建构规则与秩序，让景观空间之间形成一系列的故事空间。例如，运用多线索讲述故事，利用蒙太奇手法来制造空间的趣味感，又或者使用插叙等文学叙事策略让景观空间形成有秩序、有意义的整体，增强景观体验的趣味性和艺术性。景观叙事将物质要素作为载体赋予其文化意义与意境，如利用公园中的构筑物来隐喻更深层的历史语义，同时也可以分析和应用环境行为学、场景学的相关理论，增强人们对于景观叙事的体验效果。

目前，国内各学科越来越关注景观叙事研究。景观叙事在地方知识、历史遗址、乡土景观、文化景观等领域的建构方面发挥着独特的作用。例如，王澍将传统山水绘画中的艺术故事融入中国美术学院象山校区的景观叙事场地和建筑中，营造了独特的历史文化意境。景观记载着一个地方的历史，包括自然的和社会的历史；讲述着动人的故事，美丽的或是凄惨的故事；讲述着土地的归属；也讲述着人与土地，人与人，以及人与社会的关系。20世纪六七十年代以来，景观设计受后现代主义叙事艺术思潮历史主义和文脉主义的影响，与20世纪前半叶现代主义时期相比较，景观设计由注重功能与形式语言转换为追求场所空间和情感体验。

陈瑜认为，观众自身的文化背景知识和对空间的感知能力会影响空间叙事隐喻性表达的效果。观众一般会被空间中的情景隐喻所引导，因此隐喻是叙事的出发点，同时隐喻通常产生于在人与场所相互作用之下。隐喻的出发点一方面受观众的知识储备、文化积累的影响，另一方面在文化经验和某种提示背景中，塑造人们观念中的历史文化，由某一特殊的事件记忆引发共鸣，体验者能在所处的环境中有奇妙感知。

傅红认为，在规划纪念性主题的园林时，运用较多的是以故事事件为线索，形成不同的体验空间，将各个主题场景串联在一起，让观众参与其中，形成故事的一部分。不同的景观表达会有不同的主题意义，描绘着不同的故事和历史记忆。

孔祥伟从景观设计学的视角，分析了当代景观正处于叙事的热门时期，许多景观叙事正逐步演化为宣言（指一类特殊的叙事语言）的形式。他认为，在景观设计作品中加入某种宣言的含义，具有修辞学和隐喻的作用和意义，在一定情况下能起到唤醒警觉的作用。景观叙事对社会性的实践而言，它与社会、自然的各个层面有较大的关联，本体理论和社会性实践与宣言叠加在一起就呈现出整体叙事的特征。

俞孔坚、刘向军、李鸿等著的《田——人民景观叙事南北案例》一书中提到，中国的当代景观应从当地的人文景观中寻找景观的视觉形式，叙述当代人与当地的人文景观故事，它们具有浓郁的民族文化意蕴和较深层的叙事意义。

李沁茹从文学叙事修辞方法的角度解读了景观空间叙事构成策略，此策略可以增强场所的认同感，增强空间的感染力。孟令辉在景观设计中运用文学中的修辞策略，构建既有故事并建立新的故事场所，使用系统的叙事修辞策略让体验者主动参与到场所中，引发体验者的思考，获得情感体验并了解场所意义，将景观空间的表达与叙事思维的方式相融合，关注人的参与性，将景观引导至更深的层次。

王克敏通过研究古北水镇的故事编排和场景呈现方式，以及长城军事文化的边关叙事和民俗叙事的游客体验评价结论，发现了游客体验评价的特征和规律，为长城边关题材等的叙事设计元素提供了更多的实际参考价值。

简·塞特斯怀特（Jan Satterthwaite）在《杰克逊街：引人入胜的叙事景观》一文中提到，在景观设计中，使用叙事理论可以唤醒人们对其经历、历史以及某件事的记忆。他设计了回顾历史的回忆花园，认为古树也能告诉人们历史的往事，通过叙事策略加强人们与自然、文化之间的相互交流，为平时的节日或者儿童的游戏项目设置特定的故事。

梁尚宇在《风景园林符号学设计方法研究》一文中提到，通常优秀的风景园林作品除了视觉愉悦还能给人带来更深层次的文化寓意，使其在空间中体验抽象的环境形象：从感性认识层面唤醒人们的审美记忆，促使其联想与想象等的综合判断，达到对景观寓意的深层次理解，引发情感共鸣。

综上所述，20 世纪初，景观中的叙事理论开始被提出，叙事性设计策略可加深历史记忆故事，但这些策略仅仅在理论阐述阶段，直到 20 世纪 90 年代，有学者提出一些叙事方法，并将其应用于实践工作中。这一系列的尝试，对本课题的研究有重要的指导意义。

3.3　景观叙事的理论溯源

3.3.1　文学叙事研究

中国古代的文体基本为韵、散两类，其中散文由先秦的史传、诸子到秦汉的政论、碑铭等不断发展，到魏晋时期更加丰富完善。魏鸿雁在其著作《商周铭文叙事文体演变》中提到：“中国古代文体的样式是丰富多样的，其中除了少数韵文文体如诗、辞，多为散文文体。散文文体最典型的特色是叙事性。”从考古发掘先秦遗留下来的大量甲骨、青铜器、简帛等文物文体的材料中可得知，古代散文已经具有多样化、丰富性的叙事特点。从周代铜器铭文到《春秋》至《史记》，中国历史一般采用纪实性的叙事模式，在措辞上讲究婉转、隐晦、寓褒贬在文字中。先秦时期的《左传》以高超的叙事艺术享誉后世，《左传》有别于当时记史的规则，主要以记事为主，有着叙述直接、显明的特点，并在叙事过程中穿插了大量的议论语言，有作者的主观倾向。

古希腊亚里士多德的《诗学》被大多数学者认为是第一部对叙事理论予以阐释的专业化和系统化著作。亚里士多德在其著作中从史诗与小说的角度对叙事的体裁类型、叙事的文本框架进行了相关的论述，影响了 20 世纪初期西方小说叙事理论的早期发展，促进了近现代叙事理论的相关历史进程。西方小说在很长一段时间内注重情节、人物、场景，而在 19 世纪末 20 世纪初，小说家开始将注意力转移到小说形式技巧的应用方面。例如，邱天怡在其硕士论文《审美体验下的当代西方景观叙事研究》中，分析了美国作家兼评论家亨利·詹姆斯（Henry

James）的代表作《黛西·米勒》与《螺丝在拧紧》。詹姆斯采用限定故事中人物和读者的叙述信息，强调一种客观的叙述方式，使得小说更接近现实，同时也更具有生活气息的戏剧化效果，其小说引发了关于叙事形式和叙事技巧的探讨。美国小说家韦恩·布斯（Wayne Clayson Booth）在《小说修辞学》中对叙事视角、叙事者类型和叙事距离等叙事形式做了详细的阐释，通过对近现代西方小说叙事方面的研究，可得知小说的叙事理论为当代其他的叙事理论的发展奠定了重要的基础。

20世纪20年代，俄罗斯作家费拉基米尔·普罗普（Vladimir Propp）在其1928年出版的《民间故事形态学》中对事件功能、结构规律与发展逻辑进行了详细的探讨和研究。其书对后来的结构主义叙事理论研究产生了深远的影响。在中国，1895年到20世纪20年代是中国思想文化与政治制度开始从传统过渡到现代的时期，这一时期也是文学上百花齐放的时期。1902年，梁启超相继创办了《新民丛报》和《新小说》，开启了小说界革命现代新小说的开篇。清末民初，围绕科学（赛先生）与民主（德先生），中国文学构建了独特的世界，一方面通过文学作品唤醒道德，追回黄金时代的文化；另一方面，通过文学畅想未来的美好世界。朱军在《晚清文学儒家乌托邦叙事研究》中阐释，五四运动被很大一部分学者认为是中国的文艺复兴，其思潮最大特色在于借用西方文艺复兴言说中国问题。中国并没有完全按照欧洲的历史途径进入现代化，而是根据自身的国情、历史、文化，建立自己的话语和论述，有着中国历史几千年的美学内涵、意蕴和主张。

在西方当代叙事学理论的发展中，经典叙事学主要受结构主义和俄国形式主义的影响，采用结构主义的方法来研究叙事作品理论。1969年，法国文学理论家茨维坦·托多洛夫（Tzvetan Todorov）在其代表作《〈十日谈〉的语法》一书中，试图通过序列、主题等结构单元的组合构成一个完整的故事，即从语法、句法和语义的角度来试图建立一个能够涵盖所有叙事作品的叙事语法。1962年出版的《诗学》一书中较完善地勾勒出叙事话语形态的研究轮廓，例如着重分析了叙事话语的形态问题，讨论了叙事时间、叙事者视角以及叙事作品构成方式等内容。1966年，法国著名杂志《交流》第8期为“叙事学专辑”，其中罗兰·巴尔特（Roland Gérard Barthes）在《叙事作品结构分析导论》一文中，将叙事作品分为三个描述层次：第一层是以叙述的基本单位以及他们之间的相互关系为主的功能层；第二层是作品中人物的分类及其结构原则的行动层；第三层是探究叙事者的分类以及作者和读者之间关系的叙述层。这使得叙事作品更加清晰和有条理。法国叙事学家拉尔·热奈特（Gerard Genette）在 1972 年出版的著作《叙述话语》中，将叙事划分为三个层次：第一层为叙事话语层，第二层为故事层，第三层为叙述层，他指出对叙事话语分析即是对叙事、故事和叙述三者之间关系的分析。热奈特重视叙事学研究话语议题之间的相互作用，他为研究叙事话语建立了一个较为严谨和系统的体系。

回顾叙事学的历史，可以发现从古代到现代，从西方到东方，在叙事理论发展的漫长岁月中，过去传统文学的修辞学、逻辑学等相关研究领域，都对叙事所涉及的相关要素进行了阐述。丰富的文学实践探索作品完善了叙事理论的同时，也推进了叙事理论的发展进程，为其他学科的叙事理论奠定了坚实的基础。

3.3.2　图像视觉叙事研究

从出土的陶器、史前雕塑、原始岩画等文物中（如图 3-1 所示），可以发现远古时期的人便用动物、植物、祭祀图腾等图像来进行精神层面的叙事。早期人们认为图形、图像蕴藏着某种神秘的力量，特殊图像也被古代人认为是复杂事物和超自然想象的某种隐喻和象征作用。视觉叙事不同于文学叙事，文学叙事有着明显的语言逻辑和叙事结构，而视觉叙事是以画面的构图形式为载体，通过线条、色彩、造型、主题、影像等视觉所感知到的叙述形式。图像视觉叙事可分为静态图像叙事和动态影像叙事，其通常为停留在抽象知觉层面的叙事，虽隐藏了历史、价值和观念等叙事特征，但也比文学叙事更方便人们理解和记忆。以绘画为主的静态图像叙事在发展中逐渐和宗教联系在一起，这也丰富了绘画叙事的表现形式。例如，以《圣经》为主题的欧洲古典绘画、以壁画为主的中国绘画，均采用了隐喻、象征等叙事方式来表达宗教思想。樊雪崧在其博士论文《早期敦煌石窟本缘故事图像研究》中分析了敦煌石窟的壁画图像，其论题“本缘”是对佛教典籍中本生、本行（佛传）、因缘等内容的合并简称。敦煌石窟的壁画是汉文化地区保存最完整、具有叙事性的壁画图像，佛教自东汉传入我国后，敦煌壁画开始以佛教为题材。研究表明，本缘类中的经典内容主要源于古印度的民间神话、史传、传说、寓言等故事，早期敦煌本缘故事画的内容在印度、西域、中原均有相似的题材，也有个别图像是敦煌仅有的主题。樊雪崧对佛教壁画的主题故事、题材、图像之间的关联性等图像叙事进行了深入的探讨。明代有着大量园林题材绘画作品，刘君敏、张玲发表的文章《图绘、空间、时代、叙事——明代绘画中的园篱与早期园林形态》中借助历史图像探讨了明代园篱的形态与审美，并分析了园篱在园林空间、传达文化信息中起到的空间视觉隐喻作用。例如，在五代时期画家董源《溪岸图》中便已出现竹篱，从明代著名画家仇英的《西园雅集图》《独乐园图》中可以看到明代的文人园林中，篱木造景已成为园林的重要元素之一。日本园林学者小泽圭序在明治十七年（1884 年）收藏了《园篱图谱》，目前存放于日本国会图书馆，图谱中可以看到深受中国山水文化影响、画工精致的园篱图样。绘画图像通常带有社会、宗教、文化背景的信息，同时也体现了特定主题、内容以及隐喻的叙事特征。王冬松发表的文章《中国古代绘画题款的叙事结构和图像特征》中提到："古代绘画的题款具有历史性叙事和诗词性叙事特征，同时也被赋予了书法性的图像叙事行为。"因此，图像叙事不仅仅是对作品结构、视觉方面的分析，也是跨学科的叙事研究。

图 3-1 出土陶器和敦煌壁画

图像视觉叙事研究包含了视觉艺术的各个门类，其中动态图像叙事在视觉上占有非常重要的地位。21 世纪以来，随着多媒体等科技的发展，也逐渐将许多的古代小说文学图像化。赵敬鹏在其博士论文《〈水浒传〉小说成像研究》中从技术角度研究了《水浒传》小说图像化的历史，认为其发展的三个阶段也代表了文学成像的三种形态：一是早期由版画、连环画等手工制作的"手绘图像"；二是现代以来《水浒传》影视剧里利用机械绘制的"机绘图像"；三是数码技术制作的"数绘图像"，比如《水浒传》网络游戏、电影等动态图像。自电影出现之后，图像叙事在逐渐发展中形成了自己的理论体系以及相对成熟的表现方式。学者们分别从审美特性和社会特性两个不同层面出发，对电影形象方式展开研究，在电影研究中结合社会学、美学、信息论、符号学、结构主义等不同学科的方法，逐渐形成了影像叙事语言，而影像叙事语言的主要表现手段是镜头。影像叙事研究领域涌现出很多新的研究成果，如美国学者詹尼弗·范茜秋（Jennifer van Sijll）便在影像叙事研究领域提出了有代表性的观点，她将传统电影的节奏分为内部节奏和外部节奏：内部节奏是指包括试听结构、台词音效、摄影方式和场面调度、光影色彩等多种因素等的综合节奏，外部节奏是指蒙太奇节奏。C.M. 爱森斯坦在《蒙太奇论》中说到曾经憧憬的蒙太奇是从注重表现影像的连续性转为建立影像之间的关系从而形成的节奏，这种关系表现为主题内部对过程高度概括的图像，是主题统一内部矛盾各阶段更替的图形。很多学者立足于蒙太奇表现手法，还有些学者针对不同影像叙事手段促进人物、情节发展等方式展开研究，详细分析了构图、摄影机位、运动、布光、剪辑等对情节发展的重要作用。如《罗拉快跑》《寄生虫》等影片试图采用时空交错叙事结构，此后部分学者开始研究影像叙事时间与空间的关系。

电影传达了生活中的现实问题，为人们提供了一种新的阅读和体验环境空间的方式。勒·柯布西耶（Le Corbusier）在电影美学中看到了“真理精神”，电影的运动性不仅仅呼应了机械运动，它还体现了一种现代生活精神。20 世纪 70 年代中期以来，出现了大量研究电影与城市学的相关理论。伯纳德·屈米（Bernard Tschumi）的《曼哈顿手稿》尝试使用文学和电影类比的手法，对发生在纽约不同场所的四段虚构情节进行了记录。运用了时间序列、事件、手稿、运动等方式形成照片指引行动，图解了主角的活动（如图 3-2 所示），是对传统建筑方式、公园建设发起的挑战。20 世纪 80 年代初期，屈米与尼格尔·库特斯（Nigel Coates）引导了叙事在建筑与文学、电影、表演空间之间的跨学科探索实践。屈米在建筑设计中尝试使用电影蒙太奇的设计手法，如在 1983 年胜出的巴黎拉·维莱维特公园设计中他并没有采用传统的大型公园的建设模式，而是在公园的空间和布局中采用了电影取景、整理、分析、事件碎片和叠加等技法来进行设计。屈米在 1990 年设计的玻璃影像画廊，通过蒙太奇的手法，特意用倾斜的地面、透明的隔墙等制造了丰富的空间感。

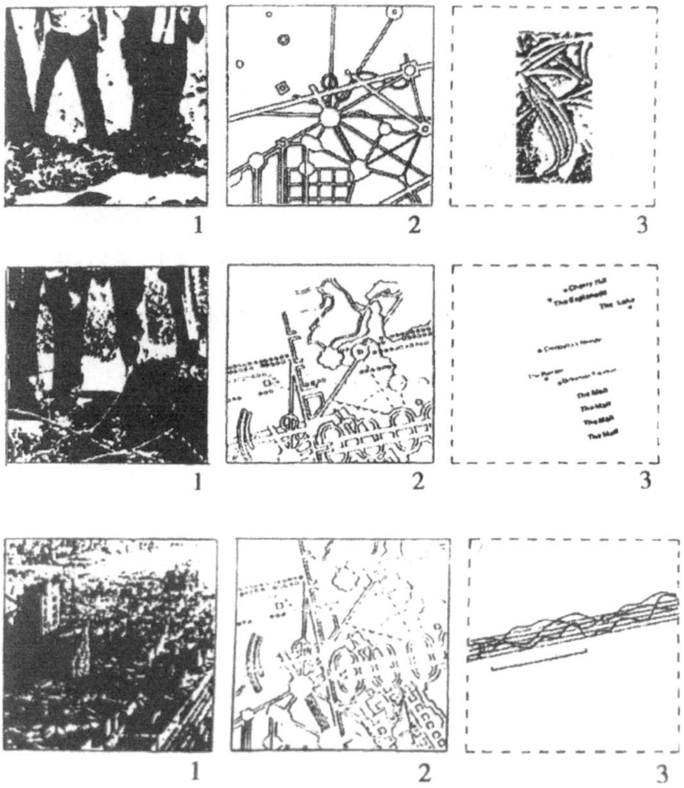

图 3-2 《曼哈顿手稿》的图版，“公园”

3.3.3 建筑中的叙事研究

建筑叙事最早可以追溯到古希腊雅典卫城的建造，古希腊哲学家亚里士多德在《诗学》中作了一些关于古典主义叙事的功能的诠释。20 世纪 70 年代，由于现代化的发展，现代建筑设计开始跨学科在叙事学中寻找新的美学范式。陆邵明在其论文《建筑叙事学的缘起》中提到：“叙事作为一种设计方法最早被应用到现代建筑的创作中是在 20 世纪 80 年代初。”正如上文分析了 80 年代初，伯纳德·曲米与尼格尔·库特斯率先引导叙事在建筑与文学、电影、表演空间之间的跨学科探索实践。此外，还有诸多建筑学学者对叙事进行研究，其中美国密歇根大学的索非亚的著作《建筑和叙事——空间与其文化意义的建构》一书中阐释了叙事对建筑认知、空间秩序以及社会秩序之间的关系，讨论了空间和再现叙事内容的形态之间的平衡策略。

叙事是把建筑设计作为一种表意的载体和联系人类内心与外部世界的媒介，

人们可以通过对设计作品的体验来形成对环境的自我诠释。如柏林犹太人博物馆（如图 3-3 所示）就是典型的叙事建筑，建筑师为丹尼尔·里勃斯金（Daniel Libeskind）。有人形容这是一座巨型空间雕塑，展现了一场空间的戏剧。里勃斯金在空间里展现了一个多线索的故事，他把这个作品比喻为没有结局的小说，不同的人参观能体会到不同的故事。里勃斯金采用“线”的表现手法来体现犹太人在本地生活过的印迹，这种表现方法不仅体现在空间的参观路线上，更多地运用在建筑中窗户的采光上，营造神秘的氛围，体现历史的厚重感。空间组织和功能围绕着犹太人生活主题展开，并在故事的重要节点上安排场景雕塑与观众共鸣，始终将犹太人的命运贯穿整个空间结构，参观者能在这一系列的空间中与历史对话。

图 3-3 德国柏林犹太人博物馆建筑叙事照片

3.3.4 互动游戏叙事研究

互动游戏的叙事研究主要针对互动的非线性叙事、多重结局以及多线性结构方式等问题进行研究。目前，互动游戏的叙事研究主要从传播学角度出发研究，如玛丽·劳里·瑞安在《叙事与数码：学会用媒介思维》中对超文本小说、电子游戏等互动虚拟的文本进行了研究，认为多人参与的在线网络游戏是利用了文字与图像之间的互动。美国专家布兰达·劳雷尔在其著作《作为戏剧的计算机》中将交互性定义为人类参与表现背景中的行动能力。波特·阿博特在《叙事的所有未来之未来》一书中认为叙事形式很重要，分析了得到技术支持的叙事性电子娱乐，认为数码叙事使人们逐步脱离原型来叙事，数码叙事引向局部叙事和开放式结局方向发展，而人类的认知以及行为会随之发生变动。孙为在其博士论文《交互式媒体叙事研究》中对交互式媒体叙事阅读、视听、参与等叙事形态进行了分析，认为在新媒体艺术研究领域中，互动已经成一种新的阅读和体验方式。多媒体超文本交互式叙事是结合了影像、文字、声音的作品，能将不同的艺术形式结合起来，呈现连接性、交互性、沉浸性、非线性等特征，例如叙事的过程是多路径的，结局是开放式结局，以此引发观众的思考和行为。

3.4 景观叙事与行为心理学理论

关于景观叙事，早在 20 世纪初，简・塞特斯怀特就已指出要在景观中运用叙事理论，从而使设计的景观能够展示经历或者历史，让观众能够对某件事加深记忆。而之后的很多年，才出现了“景物叙事”这个名词。这里所讲的景物叙事，指的是借助叙事学理论中“叙事”这一概念，因此景观叙事中“叙事”也是不同寻常的，是对景观叙事作品进行艺术加工后的虚构文学作品方法的研究。叙事在景观作品里，是利用景观传递信息，和体验环境的人展开互动，并通过叙述人、交流媒介与受众这三个叙事要素来建立关系，让景观可以和人建立起亲密关系，这样景观就有了叙事性。而观众对在空间环境中获取的理解、思考和记忆是以行为和心理过程为媒介的，因此环境心理学是涉及人类行为和环境之间关系的一门科学。环境心理学研究的是人和环境的相互作用，在这个相互作用中，个体改变了环境，反过来个体的行为和经验也被环境所改变。

环境知觉和空间认知是环境行为心理学的重要研究内容，是人们对于环境信息的接收和捕捉，解读并经加工后产生的结果。格式塔心理学理论指出，个人的成长环境、学习背景、地域民族等各种复杂的因素造成了人们对于世界认知的差异性。因此，景观叙事的含义就是通过景观语言在景观作品中传递历史、文化、人文特色以及自然信息等，让观众通过某些行为和心理可以在景观中直接或者间接获取相应的体验感知。

3.4.1 公园叙事中的环境知觉与认知

公园作为当代生活的主要场所之一，是满足人们所需要的休闲放松要求的重要方式之一。1988年，美国社会学家威廉姆·维特（William Whyte）对纽约的公园和广场进行了研究并完成了一项人性化调查。调查显示，公园对于人们的吸引力在于停留空间，例如广场的可坐性和座椅的使用方式成为吸引大众的关键因素。而广场的位置、规模、形状和质量等因素都没有直接影响公园广场使用人群的数量。在日常公园设计中，最容易被设计师忽视的便是生活需求和生活方式，这些因素来自生活，也受人们的生理和心理需求的影响。

人基本是通过视觉、听觉、嗅觉、触觉、味觉获得感觉。在陈烨所著的《景观环境行为学》中阐释了人对环境的认知活动是从感觉开始，由感官收集作用于器官的客观事物的不同属性汇集到大脑中。各种感觉是知觉的基础，但知觉并不是由多种感觉叠加产生的。知觉不仅受感官等感知外部世界的影响外，还受个人的经验和知识的影响。知觉包含了个体的心理特征，例如个体的基本需要、兴趣等。感知由感觉和知觉组成，感觉是基础，感知是在感觉的基础上进一步由个体的心理和生理特征加工后形成。通常知觉的形成过程分为觉察、辨别、确认这三个步骤：觉察是指个体受到某个信息的刺激；辨别是指将接收到的信息在大脑中与过往的经验知识做对比，将事物进行对比后，可能会发现某个知识并没有过往记忆的信息，也可能发现与过去的记忆相符合；确认是在初步接收的刺激信息与既有的知识对比后，能判断得出确定的刺激信息是什么。

感知、过往经验的记忆、思维、想象等心理过程，会影响物理对象或心理对象的指向和判断。布罗德本特（Broadbent）提出了注意的过滤器理论，指出人们能注意到的信息是有限的，注意过滤器是指人们选择在注意一件事情过程中能被较早接受的内容。实验心理学家对注意捕获进行实验，研究表明人们在观察对象时，视觉搜索任务会刺激驱动捕获机制，这种刺激会在某种程度上自动吸引知觉者的注意。例如，当我们在观察传统园林环境的山水要素时，在我们心中呈现的是过往对于园林的山水整体观念，并不是独立的个体元素，这个选择的过程依赖于我们大脑既有的经验。

感知是意识在选择的过程中，将收集到的信息转化为一种记忆留存大脑中。记忆在信息形成过程中，主要有以下三种方式：采集信息，获取信息并加以处理和组合；存储信息，将组合整理过的信息做记忆的记录；提取信息，在接收到某个信息时，回应和提取某个相关的事件。当人们进入公园中，看到周边的花草、树木等美景，听到鸟鸣等声音，触碰叶子或花朵，就会形成一种非常愉悦的心理感受，这是一个无意识的记忆加工方式，一种短时加工的记忆。如果处在这种环境中，人们联想到儿时或者过去某个重要的事件，便是一种深度加工的记忆，可以让公园这个场所成为长期记忆。

在公园景观设计中，注意力的研究一直是被关注的重点。公园景观视觉吸引力是景观视觉设计的基础，研究景观视觉吸引力能优化公园景观规划设计与提高公园效益，吸引更多大众参观公园景观。同时想象力也是景观设计的重点，成功的公园景观应赋予空间一定的想象力，激发公众在景观空间中的情感共鸣。例如，中国古典园林中以小见大的景观造园手法，利用太湖石来营造延绵不断的山体景观，将微小的石头放置在水中来营造一池三山的微缩景观，同时赋予其哲学思想，使得观赏者在精神上得到满足。

目前的科学技术已经能捕捉到人类在受到情绪刺激时的反应，如肌肉颤抖、心跳加快、瞳孔放大等身体变化，这项技术已经被运用到景观体验调查研究中，用来评估景观环境的刺激效应。周边环境与个人情感有着重要的联系，是决定情绪体验与记忆的主要因素。在一定的情况下，景观体验能较大地刺激人们的感官系统，使其产生愉悦的心理感受。例如，现在很多公园设置了许多体验设施，有色彩缤纷的儿童游玩区，有适合年轻人的玻璃栈道，有老年人跳广场舞的区域，这些地方在一定程度上刺激了人们的情绪，为其带来不一样的特殊体验。

3.4.2 叙事环境中的行为

在景观环境设计中，需要系统地考虑人体尺度、空间尺度、环境目标使用等要求，针对具体情景，满足适用性、安全性等人们的生理和心理需求。人体工程学是叙事环境中行为设计的基础。人体工程学是指在空间活动中因工作、生活等活动范围对空间环境产生的需求，能够支撑起人体动作的身体空间需求，是个体空间能够触碰到的物理空间。此外，人体工程学还应在听觉、嗅觉、视觉等感知方面的考虑，例如通常人们可以听到 7 米距离以内的声音，在 20~25 米处能看清面部表情，在 70~100 米处能够分辨其性别等特征。在公园景观设计中应基于预估人群确定场地空间尺寸和视觉可及范围内的视觉要素和空间尺度。人与空间在接触的过程中会产生情绪，在对景观环境进行知觉评价时便是一种情绪体验。例如，在叙事空间中，为公众提供一个闭合或半闭合的感知空间，人们在特定的心理和物理空间里参与叙事的故事共鸣性会更强。

在叙事环境空间上也要考虑个人的心理空间，通过环境设计引导使空间达到一定的舒适度。当个人空间不足时，容易激发人们的应激反应，产生不适的情绪。对个人空间大小的影响因素有性别、年龄、喜好、文化等，群体中的个体差异较难控制，但景观叙事可以通过分类来划分空间，在不同区域设置满足不同需求的构筑物。例如，为公众提供不同需求的单人座椅、三人独立性空间等。奥斯蒙德（Osmond）研究了空间中座椅的分布情况，探讨其在社会交往空间中的影响，发现了具有鼓励性的社会交往空间环境，被称为社会向心环境，反之被称为社会离心环境。景观设计中应考虑鼓励人们参与到环境的社交中，加强场所的交流空间。同时也应在适当的区域设置社会离心环境，运用植物、景观墙等软硬处理的方式来强调私密、不被干扰的空间。霍尔（Hall）提出了四个典型的社交距离：公众距离、社交距离、个人距离、亲密距离。公众距离保持在 3.7~7.6 米或 7.6 米以上，在景观环境中一般适用于锻炼或者散步的人之间。社交距离在 1.2~3.7 米之间，是适合交流的距离。个人距离范围在 0.45 米之内，是人际交往的最小距离，是可以达到亲密无间的距离，比如家人、熟悉的朋友间的距离。

3.5　景观叙事与场所

场所指的是人进行活动的地方。1953 年，在国际现代建筑协会第九次会议上，以 A. 史密斯和 P. 史密斯夫妇、凡·艾克为代表的一批人对《雅典宪章》中包括居住、工作、游憩和交通的城市四大功能发起挑战。凡·艾克认为人对空间的意向是场所，提出了“场所”的概念，这一概念涉及人与环境的关系，之后被建筑学、心理学、地理学、社会学等广泛讨论。挪威著名的建筑理论学家诺伯格·舒尔茨（Norberg Schulz）对这一理论做出了非常突出的贡献。他在自己的作品《存在·空间·建筑》与《场所精神》中提出了一个从受众的角度对空间进行阐释的新的方向，研究了场所要素以及空间场所背后的隐含意义。诺伯格·舒尔茨指出，人和人的活动构成了场所，空间是无法离开人对其的感知而单独存在的，也就是说空间是会依赖人的经验与感知的，只有人参与其中，空间才能够呈现出其意义。场所强调的是人和环境之间的相互作用，注重背景，营造有意义有内涵的空间。诺伯格·舒尔茨还建立了“存在空间”的概念，也就是环境意象，并且把存在空间要素分成了中心和场所、路径和方向、领域和区域。坎特（Canter）提出了场所心理学，系统地总结了相关理论。场所处于城市中的一个单元，是融合了心理认知、记忆思维、情感偏好、价值观念等综合体验的环境心理。人们对一处场所的认同感越强，那他与场所的连接就越紧密，激起情感唤醒就越久。在一个环境中发生的行为是有一定的模式和规律可循的，环境和行为相互作用和影响。常见的建筑入口、广场等区域是聚集人数较多的地方。如果场所与人的尺度相差较大，或者场所分布较为零散或者距离较远，活动与活动之间无法取得更多的联系和相互作用，便很难形成聚集性更高的场所。景观本质是一个具有一定的审美、叙事价值的场所，景观体验是寻找个人与环境之间的和谐关系的艺术。

本节研究的场所精神主要指的是通过景观叙事的精神媒介赋予场地活力与生命力的延续与加强。空间中的行为与叙事环境相互作用，在心理上形成交互行为场，在特定的空下的行为变得可预判、有序可循。运用在叙事场景设计中，可探索叙事空间诸多要素的结构关系，引导人们与叙事环境空间产生积极的互动和情感的共鸣。布莱恩·劳森（Bryan Lawson）将人们对于空间的需求划分为刺激、安全和可识别三大类。刺激是指人们对于环境的反应和影响；安全是人生存的基本需求，包括人们日常生活中的可预见性、稳定性等因素；可识别是人对空间有认同的需求，空间也就对人有了识别性。在叙事空间中，应注重私密性和开放性的空间层次性营造，充分考虑不同人群、不同主题活动等各自所需的空间。空间的尺度、韵律等要遵循景观设计的变化规律，不断在叙事空间中抓住人们的注意力。空间的形态和特征决定了空间的尺度。叙事空间根据其区域特征，既不能太空旷，也不能太小而不能适应其所定位的需求，应考虑游览的人流量和方向，避免在小空间内发生拥挤现象。当一个人处于特定的私密空间时，有时不愿被人感知、听见或者看见，希望享有自己的心理空间。因此，在景观环境中，要有场所的叙事性，更重要的是通过场景的空间营造，根据不同的叙事场所来划分私密、半私密、开放空间，以适应参观者的各种空间需求。例如，在公园景观环境中，通常使用景墙、植物、场地高差等设计手段来控制空间的物质形态和信息交流，尤其需要重视在视觉和听觉方面的叙事场所控制，从而达到对私密和半私密空间的追求。

场所理论研究的是人与事件、物境与情境的关系，景观叙事需要通过场所来将人与环境产生联系。这点无论是在东方文化中讲到的境与意的关系还是在西方文化中提到的物体与场景的关系，都是在强调人与环境之间的紧密关系，将事件、情感与空间发生的诸多要素交织在一起，能够发现并引导人的场所行为。

3.6 长城军事文化相关研究

李严研究了明长城军事聚落和防御体系的历史形成过程，从建筑学角度研究了各层次的长城军事聚落和防御工事的案例，总结了长城和军事聚落的空间分布规律，具体包括对明长城、九边重镇和防御性聚落的研究。历史学界、文物保护单位以及建筑等领域的学者通过实地考察、史料考证、遗存实物测绘，以及收集各种理论文献资料，取得了显著的成果。学者们主要从明清、民国、当代等不同时期出发，综合论述长城、九边重镇和军事聚落的研究背景以及研究状况，对明长城九边各军镇、关隘以及都司卫所的形成发展过程中的长城军事管理制度进行了研究，主要研究明代九边，很多研究成果涉及军事机构、兵制演变，九边军镇体制形成发展的原因、演变过程等。

刘珊珊《明长城居庸关防区军事聚落防御性研究》、赵现海《明代九边军镇体制研究》、王绚《传统堡寨聚落研究：兼以秦晋地区为例》、郭红、靳润成《中国行政区划通史明代卷》、艾冲《明代陕西四镇长城》等文献主要研究明代整体军事。也有一些日本学者针对明朝边防制度的建立过程进行了研究，并提出了自己的观点，如松本隆晴的《明代北边防卫体制的研究》便详细阐述了明代北边防卫中的军官制度、整体北边防卫体系以及人物分析等，这部著作的时间跨度也很大，从洪武年间开始一直到嘉靖年间。此外，《中国军事史》由中国军事史编写组负责编写，这部著作完整地概括总结了中国军事的发展过程。《明代军事史》涵盖了从明太祖朱元璋参加农民起义一直到明朝灭亡整个阶段的军事发展，这部著作不仅包括军事思想、基本脉络、边海防战略，而且还包括军事技术、著名战役等，这对本书研究坊口村明长城军事文化公园积累素材具有重要的借鉴意义。

第 4 章 叙事性设计概念与研究方法

4.1 叙事性设计的基本理论

叙事研究过去属于文学和艺术的范畴，但如今已横跨多个学科。从远古时期的历史角度来看，人类通过生活周边的景观环境中的器皿、工具等物质与文化的有效载体，来传递和延续历史文化的信息。方闻在《超越再现：8 世纪至 14 世纪中国书画》中提到："中国艺术的叙事性再现，产生于青铜时代的末期。"大量叙事性青铜器画像产生于春秋晚期，历经发展在战国时期达到鼎盛。由于青铜器成熟的工艺技术和器物的易保存性，目前仍然可以看到许多战国时期的青铜作品，这些器物上有着丰富的纹样，以图腾崇拜、祭祀的神话为题材，描绘了宴会、狩猎、攻战等的历史情景。如今，无论是西方的古典园林还是中国的古典园林，从这些遗留下来的历史景观信息中，可以看到文物、历史古迹等如同一本成功的小说，用自己独特的叙事方式，向人们叙说当时的历史故事与过往。例如，意大利依据地形复杂的山势而建的台地园，英国自然式风景园林，以及中国的文人园林，都在不同的地域观念影响下对自然环境进行了真实的模仿和改造。

马修·波泰格和吉米·普灵顿在《景观叙事——讲故事的设计实践》中提到："叙事既指故事，即被讲述的东西；又指讲述的方式，即结果和过程、形式、形成、结构和构造的方式。"叙事是比故事更加全面、复杂的一种表达方式，而"景观叙事"一词是指景观和叙事间的相互作用和彼此关系。景观中的场所是构成叙事的框架基础，也可作为故事的背景。公园作为人类生活的重要载体，不仅要满足人们日常的休闲需求，也承载着其对理想之美的向往，同时也向不同时代、不同地域传递着历史文化信息。邱天怡等在论文《审美体验下的当代西方景观叙事研究》中分析道："当代西方景观叙事以类似语言叙事的方式传递和呈现着人类的情感和文化需求。”在当代西方景观的创作实践中，许多设计师用故事性的特征来丰富景观的叙事表达。西方当代文学领域对于经典叙事理论的重新阐释，也使得景观叙事和叙事学理论学科相融合。公园景观设计借助当代叙事理论的相关研究内容，利用形式语言塑造出更具历史性、人文性的景观，有利于历史的传承和精神世界体验的丰富。

当代西方社会在 20 世纪六七十年代，经历了第二次世界大战后 20 余年的快速发展，经济和文化都发生了巨大的变化。随着当代西方文学艺术对经典叙事理论的全新解读，西方现代景观也呈现出以更加丰富和多样的空间形态来应对现实需求的景观设计理念。叙事作为人类基本的语言表达和文化记录的方式，让人们对过往的历史有了更深的了解，同时也使其在个人体验中探究景观所具有的更为深刻的文化内涵与精神价值。20 世纪 90 年代以来，众多学者在经典叙事学的深入研究中，先后提出了后经典叙事学、空间叙事学等相关研究。这些理论在经典叙事学的基础上，更多的关注空间特征、结构体系、历史语境等。因此，当代西方景观设计师借助当代叙事理论的相关研究内容，创造了更具时代特征的景观作品。

4.2　叙事性设计方法述评

4.2.1　叙事结构

景观叙事结构是将各个景观空间组成整体从而构成有意义的空间的动态过程。是基于空间结构所构建的某种逻辑关系的编排与组合，由一个个空间单元片段，组成具有一定故事内容的景观空间。比尔·希列尔（Bill Hillier）认为空间可以被解释为具有客观逻辑内容的结构，空间中存在一系列相互依赖的关系。结构是景观叙事的骨架，正如文学作品中的内在逻辑结构一样，是重要的呈现方式。在中外古典园林中，景观设计都有结构体系，由于地域性和历史背景的差异，所呈现的结构方式也各不相同。中国的古城规划以及欧洲的规则式园林中，有着明确的中轴线和次要的轴线，这些空间结构也往往体现了君主的权威。例如，意大利的规则式园林中，壮丽的中轴线与几何构图形成理性、权力之美。金学智先生在《中国园林美学》一书中提到：“中国古典园林似乎有一种模式，即一进门往往是不同形式的空间。”在中国古典园林中，往往追求曲径通幽，这种园林的空间结构与文学作品开头的“情节悬置”有着类似的处理手法。18世纪，英国发展了自然式风景园林，景观作品也呈现出连续性的空间结构特点，具有动态的空间序列，设置环形的单线游览路线，在此路线上布置众多的景点，沿着路线向人们展示了如画一般的景观。在人步移景异的体验过程中，有着线性的、连续的空间形态，这种结构中有着严谨的秩序。空间结构与空间中的构成要素，例如植物、构筑物、材质、色彩、光影、声音等空间要素，给人带来丰富的体验感。景观叙事中的结构和结构组成要素不仅为了组织空间而存在，也是在构建叙事和故事情节，为带给人更多情感共鸣而产生的一种叙事方式。

景观的叙事结构一般以某种特定的景观文化理念作为基础，借助景观结构空间以及各要素并以某种组织方式呈现出来的一种叙事方式。“对于园林的研究不仅要考虑空间要素，还要抓住时间线索，以人为出发点，对园林路径上的景观组织进行分析，从思维空间的角度来完成对园林的研究。”对景观叙事结构而言，时间和空间均是重要的因素。

公园景观叙事的结构秩序，正如文学叙事结构中段落与段落之间的关系、句子与句子之间的关联，情节与情节之间的相互衔接。在诸多景观场所中建立起具有结构秩序的叙事事件，这种秩序有时能够打破正常的结构顺序，在空间中甚至可以使用电影叙事中倒叙或插叙的方法，使得故事情节给人一种突破常规的思维方式，达到震撼心灵的效果。例如，在纪念馆的故事展线设计中，重点区域的叙事结构变化会给参观者带来深刻的反思。

4.2.1.1 空间顺叙

叙事可以把一系列单个情节连成线性序列，创立事件的重要等级，衔接首尾，以形成顺叙的线性展开空间。路易斯·康（Louis I. kahn）认为，秩序是一种运动的序列，秩序的营造、空间的配置从自己对生活的选择开始。例如，当我们进入一个公园时，可以选择不同的路径，有便于穿行的快捷道路，也有曲径通幽的次干道，还有通向公园核心构筑物或广场区域的主干道。游人对于道路有着自我的选择，但在设计叙事公园时，可以采取一些叙事方法引导观众对路线进行选择。适合的叙事方式能提升人们的场所体验感，让叙事空间变得有感染力。景观叙事结构秩序的编排其实就是空间路径的设计。在叙事结构顺叙的路径中，前一个场所空间与后一个场所之间存在着关联性，从而使人们能展开联想和对下一个空间的探索。在文学作品和电影中，叙事秩序有着严谨的编排。因此，在公园景观叙事中，可以将文学中的顺叙、倒叙等方式运用到景观空间中。传统的时间顺叙是沿着时间发展线展开的连续性的叙事，像电影或者是好的小说一样，有着叙事背景的起始、发展、高潮、结局的顺序性。在时间顺叙中，有诸多事件可以同时呈现，将事件发生的时间和叙事的时间整合为一条直线来进行故事的表达，从而构成景观空间顺叙。但也有一部分设计师打破时间顺叙，将事件发生的时间和故事叙事的时间错位，寻求某种内在逻辑关系来组织空间。如图 4-1 所示，丹尼尔·里勃斯金设计的柏林犹太人博物馆是典型的空间叙事案例，由于战争之类事件的沉重性，可将故事与空间叠合，使空间成为一个历史性的叙事空间场所。其是根据小说《惨败》中的情节来设计的，《惨败》描写了第二次世界大战期间犹太人被屠杀的事件。通过建筑空间与室内空间的隐喻设计，让人们能身临其境地体会、感受和发现当时的历史文化。用并置、插入、补充等方式将不同时间和不同事件放在一个区域内展开说明，这种叙事方式在景观叙事中形成了并叙、插叙、倒叙等空间结构秩序。

图 4-1　德国柏林犹太人博物馆空间叙事照片

4.2.1.2　空间倒叙

倒叙是指将事件的时间顺序和空间顺序调换，将本应最后出现的场所设置在开头处。例如，电影《泰坦尼克号》中先将结局告知观众，然后引出故事的情节，引导人们带着疑惑去观看后面的故事情节。这种方式较顺叙更加吸引人，在空间中采取倒叙可以营造出一种神秘、惊奇的秩序。再如图 4-2 中，在侵华日军南京大屠杀遇难同胞纪念馆入口处，在石头上刻着巨大的受难同胞人数，明确地突出主题，强化人们置身于当下的感受，使得室内展览和室外建筑空间形成高度融合、相互渗透的关系。

图 4-2 侵华日军南京大屠杀遇难同胞纪念馆 1

4.2.1.3 空间并叙

空间并叙是指两个或多个场所被安排在同一空间中，在这个空间中不受时间的限制，各自发生情节，相互独立却又有关联。空间并叙的场景有时并非在一个空间内，但属于同一区域，场所与场所之间可以相互关联和影响，形成一个整体。在空间并叙中，同样有着内在的逻辑关联性，吸引人们对其他空间进行探索。并叙的叙事方式包含对比的逻辑方式，如动与静的对比、多与少的对比等，叙事场所也因此得以彰显更多的活力和多样性。

15 世纪，欧洲开始在城市公共空间中注入多元的、有活力的生活场景，把人的活动与交流作为设计的重点。在公园景观设计中，采用空间并叙的叙事结构能吸引人参与到空间的活动中来，如图 4-3 所示，大面积的水景、小水池中的人物雕塑、可供人休息的藤蔓廊架等，多种空间事件同时发生，让场所充满了多样性和趣味性。

图 4-3 法国凡尔赛宫的园林空间

4.2.1.4 空间插叙

空间插叙是指在一个事件的场所中插入另一个事件的场所。插叙在电影和文学创作中十分常见，往往是对历史片断的回想，形成一种新的空间链接方式。在现有的环境中插入一个与当前场所完全不同的景观场景，唤醒人们对于复杂而重要的问题的深入思考。采用空间插叙的叙事结构，借助场所的突然转换，来突出主题性，同时也带给人们不同的空间感知体验。

传统叙事结构往往是围绕因果关系层层展开，有开始、发展、高潮、结尾的线性叙事方式，结合叙事空间要素赋予园林更多的象征寓意。叙事的线性结构方式有单链接模式、多链接模式、超链接模式。

单链接模式如同传统的写作和阅读方式，在景观空间上进行一定的界定，通过事件时间顺序的延展来讲述场所中的时间或情节。例如，侵华日军南京大屠杀遇难同胞纪念馆，将每个展览的主题情节纳入到一个或多个场所中，建筑与建筑之间以及园林的道路成为剧情的脉络，将不同时刻和事件连接起来，刻画一篇篇叙事情节。观众沿线性观展时，会随着一种地形叙事向下走，对所有熟悉这些事件的人来说，可能意味着更多故事。如图 4-4 所示，从单线性空间上对南京大屠杀事件营造场所氛围，强烈而鲜明的单线轴线使得主题更加突出，有开始、有过渡、有结局，在限定空间的围合里让叙事情节舒缓而富有张力。将不同情节的限定空间用一条路径并连起来，空间与空间相互关联。尽管有些单线性空间结构中，每个场景表达不同的情节和展现不同的主题内容，但总路径有着相似的主题或空间尺度以及材料质感等。

图 4-4　侵华日军南京大屠杀遇难同胞纪念馆 2

多链接模式如同文学和影视作品中，几条线索平行展开，运用在景观或者规划中即叙事也可以存在多重路径。多链接模式可以提供多种路径选择，每条路径有着不同的叙事主题和情节，形成多结局、多路径、多向性的叙事方式。如图

4-5 所示，一年一度的意大利米兰设计周中，在同一个大主题背景下，各个叙事场所分别设置分展区，不同的分展区叙述着不同情节、家具类型和各式各样的叙事次要主题，展览层层递进，深化情节，进一步突出大主题。每个展区的观展路线无法预见，从而使体验变得复杂和多变，在变化和矛盾中去体验结构空间的魅力。

图 4-5　意大利米兰设计周 1（2018 年）

超链接模式是指一种非线性的超越时空的叙事方式，是非平面、立体化、无中心、无边缘、突破了时间和逻辑的非线性轨道，可以跳跃式、非线性地叙事，这种叙事方式在影视和文学作品中比较常见，运用在景观空间中可形成多角度、多元化的叙事性特征，可以使不同的场景在同一个空间中，但不在同一个平面内，每个场景都有着各自要诉说的情节和主题，形成既相互联系又相互独立的场景。如图 4-5 所示，2018 年意大利米兰设计周上，一个面积较大的园林中分片区与展览相交接，形成强烈的对比与反差，在喧闹的城市中凸显安静的田园景观，让人们体验惬意的田园风光的同时又体验了现代材料、科技等丰富多彩的城市生活。这种独特的空间叙事结构响应了当代人对生活多样化的渴求。场景与场景之间也可以既不平行也不交叠，如图 4-6 所示，中国古典园林叙事处理手法中，苏州园林有着较多的借景手法：拙政园西部假山上建有两个亭子，邻借拙政园中部之景，一亭尽收两家春色；留园西部舒啸亭土山一带，远借虎丘山景色；沧浪亭的看山楼，远借上方山的岚光塔影；山塘街的塔影园，近借虎丘塔，在池中可以清楚地看到虎丘塔的倒影。而北京的颐和园也远借西山，近借玉泉山。场景之间彼此遥望，并且通过其他场景连接在一起，从而形成整体的景观意象。

随着 20 世纪当代艺术的兴起，西方当代景观也逐渐通过隐晦、抽象、象征等方式来暗示主观思想。景观设计师也逐渐从个人思想与情绪表达中脱离，融入公众中，承担起社会责任，深入探索景观中的社会意义、文化意义、历史意义等。叙事结构同时也关注观赏者的内心世界与精神世界，观赏者从被动接受到主动参与。

图 4-6　苏州古典园林远借景和近借景

4.2.2　叙事主题

叙事主题内容是指叙事故事内容本身。例如，历史上的文字或者图片，以及口头代代相传下来的文学、神话传说、民间歌谣以及古老的宗教故事都在向我们讲述人类建设家园的过程。每个经典的故事背后都存在着社会生活事件，由这些事件组成有因果关系的、线索完整的故事情节，以及发生这些事件的具体情景等共同构成叙事内容。

叙事题材在西方古代教堂和中国古典园林中已经存在了上千年，常常运用神话故事题材来塑造叙事空间的感染力。中国的传统园林中，园林的萌芽离不开人类的精神活动，最早的园林萌芽于古人对自然的崇拜以及由此产生的诸多神话故事。例如，秦始皇对神仙世界有着热烈的向往，“始皇都长安，引渭河水为池，筑为蓬、瀛……”“蓬、瀛”模拟的是神仙海岛。汉代建章宫的建设开始运用中国古代的昆仑山、蓬莱仙境等神话故事主题来表达对仙境的向往，园林的山水风景模拟了仙境的布局，这类神话题材一直延续到清代颐和园的园林设计，对于中国的传统园林山水模式有着重要影响。传说与典故被广泛运用于景观设计中，如杭州西湖风景区的“断桥”，是民间传说中许仙和白娘子相遇的地方，这种文学题材的主题赋予了景物更多浪漫和神话色彩。西方的教堂和神庙中，叙事题材也存在于建筑构建、建筑布局、雕塑、绘画等形式中。例如，基督教《圣经》所记载的伊甸园;《旧约 · 创世纪》中讲述的上帝创造人类始主亚当和夏娃，并对其居住的园区做出描述；伊斯兰教《古兰经》所记载的天园界墙内随处可见果树浓荫，界内分布了四条河流：长久不浊的“水河”、滋味不变的“乳河”、味道醇美的“酒河”、清澈见底的“蜜河”，这水、乳、酒、蜜四条河流以喷泉为中心的布局，逐渐形成后世伊斯兰教堂的基本模式。

西方的教堂中，壁画、建筑构建等题材多取自神话故事。例如，位于梵蒂冈的圣彼得大教堂（如图 4-7 所示），最初是由君士坦丁大帝于 326—333 年在圣彼得墓地上修建的，1503 年犹利二世决定重建，之后就是长达 120 年的重建，先后由伯拉孟特、米开朗琪罗等艺术家不断设计和完善，成了天主教会重要的象征之一。圣彼得大教堂是著名的天主教朝圣地之一，目前教会每年仍会在此举行多个仪式。在圣彼得大教堂室内有大量的绘画和雕像，其中包括米开朗琪罗 24 岁时的雕塑作品《圣母哀痛》，题材取自《圣经》，雕像将圣母怀抱死去的儿子的悲痛感和对上帝旨意的顺从感体现得淋漓尽致。

图 4-7　梵蒂冈圣彼得大教堂

圣乔万尼洗礼堂大门，位于意大利佛罗伦萨圣母百花大教堂西边，三扇铜门上以浅浮雕为主要装饰，题材是《旧约 · 圣经》中的故事，如图 4-8 所示。

图 4-8　圣乔万尼洗礼堂大门

在哥特式大教堂和文艺复兴时期的大教堂中，花园被设计成向人们讲述故事的场所，在这个场所中可以看到叙事内容的联想和结构。虽然景观不能像文学一样用很细腻的词汇去描述一个事件，但可以通过场所、参照、联想和象征有效传达故事情节。西方的教堂利用雕塑和古罗马建筑，为那些已经为人们所熟悉的故事内容人为创造出一种充满联想的意境，从而很直接明了地传达这些叙事故事。

通过传统的中西方叙事题材，可以发现尽管文化背景不同，但在每个时期都体现出了人们对于精神传达的叙事诉求。传统的叙事空间中，中西方都喜欢采用神话题材作为主要叙事主题，叙事的主题内容成为人们满足生活信仰需求的载体。随着历史的发展和科技的进步，叙事的主题也变得更为多样化，景观的叙事题材变得更为丰富多样，宇宙与自然、宗教与哲学、民族与国家、神话故事与小说典故等都可以成为园林景观的叙事题材。在现代建筑和景观叙事手法中，人们更多选择视觉、听觉、触觉等各种形式主题来叙事。如图 4-9 所示，在 2018 年意大利米兰的设计周上，庭院内放置了许多萤火虫般的彩色小房子灯具，里面展示了各种生活小场景，人们在视觉和触觉上的体验更深刻，主题不再局限于单一的故事题材和神话故事，叙事主题有了更丰富的题材来源。

图 4-9　意大利米兰设计周 2（2018 年）

舒尔茨认为，空间是有感情的，空间往往与日常生活片段紧密联系，场所是空间形式背后的内容，每个场所都应有一个故事，这与城市的历史、文化、民族等一系列主题密切相关，他认为这些主题赋予了空间更丰富的意义。日本园林设计师枡野俊明认为：“园林是一种特殊的精神场所，是人们心灵的栖息地。”人们的情感体验过程主要是将景观元素中的历史文化、传统生活等内容融入景观中，形成一个有意义的事件来引导人们与环境进行信息交流，激发人们对于场所的心理反应和共鸣。马修·波泰格在《景观叙事——讲故事的设计实践》中阐释了既然可能有许多故事和版本，那么重要的是考虑讲什么故事，讲故事的目的是什么，以及易懂的故事背后的文化背景是什么和如何解读景观等问题，解决好叙事主题及其背后的诠释方式，景观叙事就能比简单的故事讲述更能创造场所感。

4.2.3 叙事要素

人的行为在叙事场所中受诸多因素影响。1960 年，威廉·伊特尔森（William H. Ittelson）将人与物质环境的相互作用分为七个领域，包括环境中的色彩、形状、声音等，这些物质因素影响了人们的心理情绪与活动。陆邵明在《景观叙事：解码海派古典园林》中阐释："景观叙事载体是指承载景观叙事主题、内涵语义的媒介。景观叙事载体通常具有双重属性：客观存在的物质特征及其唤醒主观想象的文学语义。"景观叙事受自然环境中客观存在物质的影响，客观物质可以理解为叙事因素，具有地域性和时间性。陈从周等学者认为，江南园林的基本组成要素是建筑、山水、花木等，这些要素赋予了园林景观更具诗情画意的美感。基于此，本书结合长城的空间构成和认知体验的角度，以及按照长城叙事空间中信息刺激的强度和复杂性，将山水地形、建筑、植物、色彩、光照、声音六大要素作为场所叙事环境影响因素进行研究。

4.2.3.1 山水地形要素

在中国古典园林里，山水要素一直是最重要的要素之一。它蕴含了诸多的科学要素和感性认识，体现了人类改造自然的能力，人们可以在山水中感受和体验精神文化。张莉莉在其《中国园林美学视角下的济南山水城市营造研究》一文中提到："我国古代传统文化的哲学和美学，都来源于自然山水的感悟。从道家的'上善若水'的观点到儒家的'山水比德'的思想，处处体现了中国自古以来与山水的情怀。"

古代人们出于对天灾的恐惧与未知，想寻求一种与自然和谐共处的方式，山水崇拜便逐渐演化为原始宗教和祭祀活动的重要内容，也造就了中国人独有的"天人合一"的思想。"天人合一"的思想理念是顺应天时，谋求风调雨顺，也表达对自然的敬畏之情。而在东晋时期，出现了许多诗人寄情于山水的美学观念，人们将自然山水作为主要审美对象。例如，王徽之《兰亭诗》中的"散怀山水，萧然忘羁"，体现了其观山水后的愉悦心情。魏晋、唐、宋到明清时期，中国的山水园林、山水诗画艺术达到了顶峰。中国古典园林中的意境与山水要素紧密相连，许多古代的诗词、绘画作品中对于山水的描述也直接影响了中国古典园林的发展。宋代著名画家郭熙在《林泉高致》中写道："世之笃论，谓山水有可行者，有可望者，有可游者，有可居者…… 君子之所以渴慕林泉者，正谓此佳处故也。"中国古典园林擅长通过掇山、理水的手法来实现园林中可望、可行、可游、可居的诗画情景。掇山手法有：叠石堆山、布峰错峦、曲水涧壑等，这些均是对自然界中优美环境的模仿。计成于《园冶》中提到："多方胜景，咫尺山林"，即浓缩大自然的景观，在园林中营造以小见大的自然山水，创造出一种深远的园林艺术意境，从视觉感受中引发人们的思绪。

王劲韬在其博士论文《中国皇家园林叠山研究》中对皇家园林叠山的风格、材料等做了详细的研究，认为艮岳是按传统山水画中的方法来布局园林中山与水的关系，有着平远、全景式山水、纵深的三维视角的造园方法，与宋代绘画中"先立主宾、再分峦向""左山右水、后溪旁陇，连绵弥满，吞山怀谷"对山水的描述是一致的。如图 4-10 中，艮岳主山为万岁山，园内东侧为万松岭，东南方向是寿山，形成主从关系。三山交会的地方设有大方沼、雁池，以便汇入山顶的流水，园内的水系根据地形的高差形成小溪、瀑布等多种样式。艮岳的主亭为置介亭，位于园区最高点，可以俯瞰整个园子的景色。

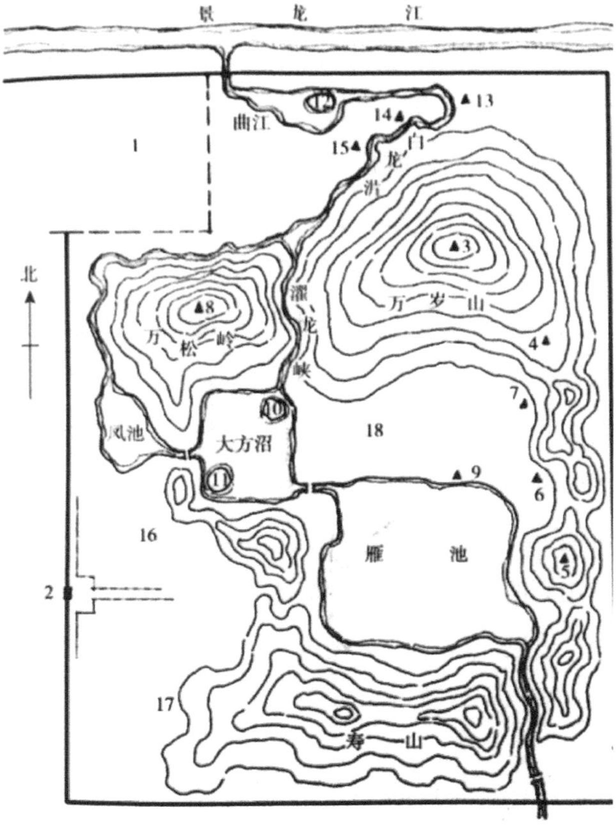

图 4-10　艮岳平面图

中国古典园林在营建时通常选在山环水抱的自然环境中，人们在早期便知道选择合适的地理环境居住。适合居住的地方有着干净的水源、新鲜的空气、良好的光照以及秀美的山水景观等。

4.2.3.2 建筑要素

中国古典园林中有着大量的叙事性景观，例如园林建筑中的题名、匾额和楹联等就是通过叙事元素来体现其背后的文化内涵的。园林中的建筑类型丰富多样，中国古典园林中的主体建筑一般分为楼、阁、堂、厅、观、殿等类型，次要建筑包括轩、榭、舫、斋等；小品建筑分为亭、廊等。楼在古典园林中体量较大，是园林中的重要景点，也是重要的观景处，通常为 2~3 层楼的高度。阁主要用于休憩、远眺、供佛等。厅堂通常用于接待、宴请、治事，一般设在园林中的主要位置，与主要山水景观相呼应，在外形上与楼比较接近。建筑尺度的处理极为重要，在空间较小的地方一般设置小体量的建筑。

中国古典园林建筑中的匾额、楹联作为文学意境的载体，有着表征仙境、寓意祥瑞以及修身勤政和自勉等功能。如图 4-11 所示，苏州拙政园“与谁同坐轩”通过文学意境来塑造与之相匹配的意境，唤起观者对场景的情感认知和审美体验。匾额通常悬挂在建筑入口上方或置于建筑厅堂内的正面墙上，而楹联则是位于建筑入口两侧柱子上的对联。它们既是建筑物的装饰品，也是文学对于园林意境表达的点睛之处，使得园林景观诗意化。例如，苏州网师园中单檐卷棚歇山顶的四面厅，轩的正中间悬挂着一块“小山丛桂轩”匾额，意思是小山上桂树丛生的轩，取自西汉淮南小山的《招隐士》中“桂树丛生兮山之幽，偃蹇连蜷兮枝相缭……王孙兮归来，山中兮不可以久留”，它将人们的视线引向轩南湖石叠砌的小山和山间的桂树上，使人们联想到浓香四溢的金秋，也有对佛禅境界的暗示。在“小山丛桂轩”北面正中一扇正方形大窗的两侧悬挂着一对联：“山势盘陀真是画，泉流宛委遂成书”，同样是描写建筑周边景色的对联。在中国古典园林中，建筑中的文学语义与游客能感知到的景观是相互呼应的。匾额和楹联通常为被赋予一定文学意义的文字、诗词，通过文学叙事直接刻画周边场景的诗画意境，用文学的意象性进一步强化园林主题。

图 4-11　苏州拙政园“与谁同坐轩”

4.2.3.3　植物要素

植物是园林景观中必不可少的要素之一，也是长城叙事公园中的重要环境因素。植物不仅可以改善小气候，还可以被赋予文化审美精神，在视觉上产生愉悦效果，影响人的心理和生理健康。植物是人们在原有长城自然景观场所中对自然认知、感触最深的部分，人的环境行为往往会受到大自然中不同季节的信息刺激。植物的生长随着季节变化而变化，包括整体落叶植物的色彩变化、形态变化，以及由植物搭配组合而成的季节变化。如图 4-12 所示，八达岭长城附近在春季便长了漫山遍野的白色梨花和山桃花，这也成为长城自然景观中的重要元素，游客可以获得季节变化带来的环境刺激信息。自古以来，便有许多文人对景抒情，留下了大量的诗词。例如，王禹偁的《村行》中有“棠梨叶落胭脂色，荞麦花开白雪香”。植物的季相的变化能改变公园环境的整体氛围，这些变化会影响人们的观景行为，比如在春天和秋天，人们往往更喜欢去郊区踏青和赏红叶，而在冬季则喜欢欣赏银装素裹的雪景。长城一年四季的自然景观为人们提供季节变化带来的生机和活力。人们与环境之间互相影响，人改变了对环境的认知，环境影响了人们的生活方式。

图 4-12　八达岭长城沿线的植物

4.2.3.4 色彩要素

1666年，英国物理学家牛顿利用一块三棱镜把白光分成了红、橙、黄、绿、蓝、靛、紫七种颜色，这就是著名的最美实验“光的色散”，并在1704年发表经典著作《光学》。1810年，歌德在《色彩学》中从观察者的生理机能角度阐释了人对色彩的感受，这是理性向感性探索的起步。色彩是由不同波长的光波照射在物体上后引起观察者反应的一种感觉，其的产生与光线、物体和观察者有关。通感是跨越渠道的表意和接收。查尔斯·莫里斯（Charles William Morris）指出，发送、接收叙事感知落到了两个不同的感官渠道里，比如嗅觉导致视觉反应、光让听觉产生反应等，此为感觉间现象。在文学作品里，借助该原理比较不同渠道信息而产生的感觉转移，亦称之为通感。例如，哥特式教堂的玫瑰窗，所描绘的主题早期以《圣经》里的故事为主，利用色彩来描绘神秘灿烂的宗教氛围，营造信徒们对天国世界的美好向往；图4-13所示的西班牙圣家族大教堂中，设计师安东尼奥·高迪（Antonio Gaudi）则利用海洋元素和绚丽多彩的颜色来叙述教堂故事，水母形状的暖色灯处于整体是暖色的环境中，几何图案窗花则采用强烈的冷暖对比色，通过太阳光的照射，营造了色彩丰富、变化多样的现代教堂空间。

图4-13　西班牙圣家族大教堂

色彩作为艺术与绘画语特指颜色，是通过眼、脑以及我们的生活经验所产生的一种对光的视觉效应。有色彩的颜色具有三个基本特性：色相、明度、饱和度，在色彩学上也称为色彩的三大要素或色彩的三属性。色相主要用以区分色彩的不同种类属性，明度是指色彩的明暗程度，饱和度是指色彩的纯度。约翰内斯·伊顿（Johannes Itten）阐释了色相对比是色彩对比最简单的一种，它对色彩视觉识别要求不高，因为未经调和的色彩有着最强烈的明度。关于明度对比，是指色彩之间明暗层次的对比，这种对比能够微妙地解决空间感等视幻觉效果。色彩的饱和度对比是指纯度对比，强烈的纯度对比会引起视觉上的兴奋与刺激，而较为相近的纯度对比在视觉上则会给人柔和与安定的感受。除此之外，色彩对比还包括补色对比、冷暖对比等。其中，补色对比是最强烈的色彩对比方式，是在色环中处于对立面的色彩，有着最鲜明的色彩；冷暖对比是由于人们逐渐把色彩的视觉感与生活经验相联系，对色彩产生了冷暖的感知，如黄色、红色等一般给人温暖感，蓝色、紫色则通常给人偏冷的感觉。

4.2.3.5　光照要素

自然界中的光景观主要是太阳光和月亮光，光通过反射、折射等方式作用于环境中，并随着季节和时间不同而发生变化。光由强度、方向和色彩三个要素组成。随着科技的发展，景观设计中越来越多地运用人工光辅助来叙事，例如园林景观中的建筑室内，通常可以借助一定的介质来创造出一系列的叙事主题，光影的各种颜色和照明的明度搭配，可以最大化地营造独特的叙事氛围。建筑师路易斯·康（Louis Kahn）认为："如果没有天然光，我不认为它是一个真正的空间……天然光进入空间并赋予空间活力"。路易斯·康因其在建筑设计中对光的空间和形体的合理应用而闻名世界。景观叙事空间和公园建筑的室内空间应充分考虑不同光照带来的心理感受和生理刺激，使光的变化作用于人的活动，引导人们根据叙事性方向发生行为。

白天的自然光线随着时间和天气的变化，可以营造具有强烈艺术感染力和表现力的景观叙事环境。在某些地形或建筑的最高点设置可以观看日出日落的不同光照景色的场所，可以使得环境色彩更加富有层次感和丰富感，同时也能让人们产生不同的观景行为。如图 4-14 所示，居庸关长城建在山脊上，有着非常好的观赏日落日出的场所，鼓励人们和朝阳夕阳等自然光直接接触，朝阳和晚霞、日光与人工光源，对长城环境的氛围营造有着强烈的影响，给人们带来心旷神怡的观景感受，吸引人们驻足，流连忘返。在冬季，低平的太阳入射角度使光柔和而温暖，人们往往喜好在户外的场地上晒太阳。而夏季的阳光会强烈许多，人们会选择有树荫的林荫空间，避免在强反射的硬质铺装地面上停留太久。在公园景观的建设中，不仅要考虑其叙事功能，同时也要为人们提供良好的户外活动场所。建筑室内空间和公园夜景则可以利用人工光源来延续和创造叙事空间，人工光照带来的信息刺激是多元的，具有稳定性和功能性，更容易构建特定的环境场所氛围，也更能引起人们的注意，并对其行为进行引导。

图 4-14　居庸关长城日出、日落和夜景

光为探知世界提供了可能性，光影效果能够创造出多样化的形态，让事物更加立体生动且更容易被感知。对叙事者而言，人造光影和自然光影在景观叙事里均为渲染气氛、营造环境的重要媒介。光影有空间界定和引导的作用，犹如一个媒介，去联系室内与室外，去区分空间的各种属性，去强化某一特殊情境，甚至去切割、引导建构空间。著名学者勒·柯布西耶指出，可以借助光影打造极具震撼力的建筑空间，体现其内涵，抒发人们的情感，满足人们对空间的各种需求。较为典型的建筑是朗香教堂，设计师在教堂内部巧妙应用自然光，将光与建筑互融打造名为“光的节奏”的窗洞，运用空间和光的组合形成静谧的光影效果，表达出教堂作为人与上帝之间对话媒介的场所意义。

4.2.3.6　声音要素

声音具有潜在的空间塑造能力和感知能力，特定的声音不仅能为叙事空间带来视觉探索的引导，还能引发对场所空间的认同感，提高对场所的记忆和联想。听觉获得的信息仅仅次于视觉，自然界中的水声、风声、雨声、鸟鸣声，都在叙述着大自然的故事。法国学者米歇尔·希翁（Michel Chion）在《声音》一书中指出，从物理学角度来讲，声音是由一个振动体导致的，通过诸如空气、水、岩石等介质产生的一种由分子组成的运动。声音是指物体振动时所产生的能引起听觉的波，是一种能够对人们听觉产生刺激的物理环境变量。声音可根据内容、频谱、频率领域、时间领域等进行分类：自然声，即大自然的声音，像水流的声音、风吹动树的声音等；纯音，是指由人工制造的信号产生器震荡出来的声波，是正弦波的单一波形；

复合音，是由几个不同频率所组成的声音；协和音，是由两个单一的纯音组成的声音。人耳在一定范围内，接收到的不同强度和不同频率的声音称为声域。声音的响度、音高、音色称为声音三要素，这三要素可以用来描述具有振幅、频率和相位三个物理量的任何复杂的声音。声音通过耳朵形成听觉通道，后进入大脑的听觉中枢，人在接收大脑的信息后会做出判断和认知。声音需要经过物理、生理、心理三个过程才能进入人脑，由于个体的生理、心理状况不同，因此在接收由声音产生的刺激时的认知体验也不同。

1960 年，加拿大作曲家和生态学家谢弗（Schafer）提出“一种强调个体或社会感知和理解方式的声音环境”。根据最近国际标准化组织的定义，声景是“个体、群体或社区所感知的场景下的声环境”。目前更多的研究关注了声音的社会性、历史性、空间文化意义，使得声音具有了更多的情感维度。在景观空间中引入自然声音可以增加场所空间的感染力，营造地域性的情感氛围。经过人工处理的或者人们在日常生活中等产生的声音景观，能带给人想象空间，可成为叙事性的景观要素之一。

若把一些情节元素赋予声景，就会促使游客主动去探寻，激发游客的兴趣。从游客角度而言，其若有着非常敏锐的听觉器官，便能察觉园林里微妙的声音。试听联动的效果还体现在自然寂静的环境中通过声音的回响，让人感受空间的开阔以及环境的宁静，给人以美妙的听觉视觉享受。场所中的声音是文化追求与传承的重要组成部分，在中国传统园林造园时，有时会利用声、雨、植物等元素来借景，如图 4-15 所示，运用“雨打芭蕉声”“夜半钟声”等声音来营造听觉和视觉并重的意境之美。视觉表达通常具有指向性和方向性，听觉表达则可以给游客带来全面感知。

图 4-15　自然界的声音和人工声音

4.2.4 叙事形式

4.2.4.1 视听叙事

视听叙事作为景观叙事的一种重要表现形式，其依托光影、色彩、材料、动画、声音等视觉和听觉方面的形式进行叙事。例如，材质在景观设计语言中有着较强的表现力，景观空间环境就是借助材质所发挥的媒介作用呈现出来的，它不仅可以将各地域场景的特征展现出来，而且可以把差异化的外显状态赋予景观。此外，材质在景观空间叙事里是一种具有极强灵活性的形式。最近几年，国外对于质地各异的材料的相关理念的研究取得了迅速的发展，一方面可以通过高技术手段呈现，另一方面可以把传统材料不同状况下的应用效果展现出来，强化景观空间外显的感染力。流水可以将自然的气息带给人们；木材能够营造出温暖的感觉；石材因自身的坚固性，可以将稳定安全的感觉带给人们。例如，意大利埃斯特庄园的喷泉音乐，是以传统的艺术为基础，将雕塑动态视觉艺术、电子音乐艺术、喷泉的水声等有机结合起来，在很大程度上体现出叙事语言的互动性。又如，音乐家谭盾的《复活之旅》，以多元文化的音响材料和富有成效的象征手段对基督教信仰中最具戏剧性和象征性的耶稣受难与复活叙事重新进行了诠释。

4.2.4.2 阅读叙事

阅读叙事具体指的是通过文学文本大纲对图文形态做出叙述，像小说、传记、史诗、神话都属于阅读叙事的文本。阅读叙事可以是虚拟的，也可以是真实的，例如大观园是《红楼梦》小说里构建的园子。中国传统园林与中国古典文学有着密切的关系，文学语言对中国园林有着深远的影响。生动的文字描述直接体现在园林实景中，使历史文化与叙事场景融为一体。作者是传统景观叙事的主导者，与此不同的是，在景观叙事中主要的目的是利用景观的物质载体宣传文化，参观者占据着重要的主体地位，作者和参观者进行互动从而更好地完成叙事内容。例如，在苏州文人园林中，其景点与匾额都是借助于某段历史、某个事件来抒发情感和寄情于物的叙事手段。科普式阅读并非只是单一地进行阅读，往往融入了提问、探求答案、再到知识的获取和记忆等。中国传统的园林、建筑叙事空间具有较强的感染力，空间中存在着许多文本阅读式的叙事，使得参观者在空间中游览犹如在阅读一本小说。

在西方的社会历史语境或者特定文类里，存在人物与小说时空怎样联系到一起、人物与真实的历史时空又通过何种形式获得表达等问题。针对上述问题，巴赫金给出了时空体这一概念。在文学时空体里，时间与空间融合成具体且构思细腻的整体，对历史、情节和时间的使用给出一定的反应，无论是空间还是时间均会变得饱满充实。这在景观叙事中，有助于形成深刻的场所记忆，加强主题空间的参与度，并在景观空间解读过程中依据叙事文本与个人知识来对场所进行诠释，提升空间的意义与内涵。

静态艺术构建的文本时空是非开放式的，虽然没有外在形式方面的互动，却仍旧萌生于当下的心理层面交互。动态艺术在实施创造活动的时候直接将和观众之间的交互纳入考量的范畴，把单向观影发展成双向互动，当影片里的人物从影院里发现观众的时候，会产生巨大的震撼，比如《楚门的世界》里影片人物和观众直接对视，让电影的意义有了更丰富的层次。

4.2.4.3　体验叙事

体验叙事是将影像、声音融入特定的环境中，设计出与现实相仿的氛围，并通过身体接触和心灵触动等方式使参观者进入这种氛围之后如同身临其境的景观叙事方式。这种叙事方式往往是在观众之间、观众与文化、观众与环境之间进行互动。在体验叙事中，根据环境的不同，可以分为以下几种类型。

1. 远程互动的意义

传统文本的结构是封闭式的、平面化的。有时候作者虽然预留了情节空白，提供了想象空间，但其依然是扁平化的非动态结构，无论是立体延展性还是深度均比较匮乏，它的信息流动具有终极界限。而数字化文本的结构是开放式的，具有流动性，其处在众多维面的交叉之处，延展并辐射于多重时空，其结构空白没有边界，为读者留下了极大的想象与创造空间。

2. 遥在

遥在是一种新媒体技术，它允许人们借助听觉和视觉对远程环境进行感知，借助触觉、电子身体操控远程环境或者物体。列夫・马诺维奇（Lev Manovich）指出，遥在的广义含义即远程场所即时通信，一切远程技术均适用，从传真、广播、电视到网络的聊天和超级链接；遥在的狭义含义即让行动变成可能的一种呈现技术。

4.2.4.4 参与叙事

参与叙事简单来说就是观众根据图文内容进行解读，并结合叙事环境和叙事线索，对叙事背后的价值和精神思想进行深挖。参与叙事存在的前提是观众的互动性，通过互动创造出更有意义的叙事内涵。就现场表演节目而言，在表演活动中经常会遇到表演者邀请观众上台参与活动的情况，这就是一种将叙事舞台与剧场结合起来的方式。

4.2.4.5 叙事的多维重构

1. 原作解构与拼贴美学

达达主义是拼贴叙事观念的主要理论依据。美国后现代小说家唐纳德·巴塞尔姆（Donald Barthelme）曾认为："拼贴的原则是 20 世纪所有媒介中一切艺术的中心原则。" 20 世纪四五十年代，一些作家与艺术家加入解构词语与语言的艺术实验中。美国艺术家艾伦·卡普罗（Allan Kaprow）是"偶发艺术"的代表人物，他将声音、光影、文字、实物以及影像等偶发因素进行总结，偶发艺术即参与交互中创造的与传统固定的、静态的艺术完全不同的一种偶发的、行为的艺术。

2. 随机美学

在典型的叙事当中，通常情况下，电影与传统小说基本一致，结构基本为开头—中间—结尾，据此丰富故事内容，尽管在此过程中存在多种叙事方式以及曲折、跌宕起伏的故事情节，但其自始至终都是一个十分连贯完整的故事路线，通过叙事再创造，为读者设置良好的精神世界，树立健康的人生观、价值观。而后现代叙事不仅从形式上消解传统叙事的类别与体裁，而且从内容上消解完整的故事。

3. 结构隐喻和链接美学

在空间设计行业领域，景观设计当中的隐喻意义要与景观场所系统相结合进行分析，其与语言领域的隐喻并不相同，不具有修辞意义。景观所具有的隐喻意义体现潜在、客观的关系，景观内在的语言在设计结构关系中体现隐喻意义，体现景观深层次的精神激励与文化内涵。后现代主义追求隐喻，在设计时运用隐喻象征手法追溯历史，深入挖掘作品潜在意识，将其掩于设计作品中。

参观者在具有非线性叙事特点的超文本刺激下提升了直觉感知能力、联想能力和跳跃阅读能力。迈克尔·海姆在《从界面到网络空间：虚拟实在的形而上学》

中提到:“超文本作品之中存在大量的中心词和链接，读者如果采用平时习惯的线性阅读方式逐行、逐页阅读显然不行，应该采用认知与联想相结合的阅读方法进行信息的有效链接。”例如，北京故宫博物院和国际商业机器公司（IBM）共同完成名为“超越时空的虚拟旅游”的项目，借助 3D 技术，在网上打造一个虚拟的环境，观众可以下载虚拟紫禁城软件，然后以一种自己喜欢的身份进行游览，比如公主、禁军或皇室侍从等，穿越时空般感受中国历史文化。网络技术与虚拟现实技术不仅制造了与真实空间相似的场景，而且使得虚拟体验处于仿像的情感体验状态，并可成为真实的情感体验，这种审美的交互主体性和客体的仿像性使得审美体验进入了虚拟体验阶段。

4. 人文生态重构

1858 年，著名学者亨利・赛瑞首次归纳并提出“生态学”这一概念，此后生态学概念得到大力推广。学者恩斯特・汉克尔指出生态学是研究生物有机体和所处环境二者关系的科学统称，生态学研究的主要内容包括个体、种群、群落、生态系统和生物圈之间存在的关系。莫里・布琴将研究的重心置于人和环境二者之间的联系上。作为著名的传播学家，尼尔・波兹曼组建媒体生态学，其主要分析研究媒体和群落二者之间的关系。除上述方面外，还包括人文生态学以及精神生态学等。

4.2.5　叙事特点

4.2.5.1　连接性

蒂姆・伯纳斯・李和马克・菲谢蒂在《编织万维网》中提到:“单独存在的事物并不重要，重要的是它们进行重组之后所形成的联系。就如字母一样，单独存在时其就只能单纯地作为一个字母存在，经过组合之后构成各种各样的单词。单词也无足轻重，然而将多个单词串联在一起就可以形成各种各样的短语。将短语串联在一起又可以形成各种各样的文字篇幅。”所以，叙事性设计要综合考虑事物的内在联系，对于语言的理解要根据相关事物之间的联系来确定，而各个叙事语言符号之间只有通过表述组织才能发挥其应用的效应。设定的事件情境要求与景物之间的逻辑相关联以形成明确的场景感、场所感，在叙事形态与阅读方式等方面体现出连接性。参与者的不同感官对获取到的信息进行转化和融合，从而形成了多层次、多角度、立体化的感知系统。

叙事文本并不是单纯存在于某一学科之中，而是集合了多种学科，并融合了多种叙事方式，如影像叙事、音乐叙事、戏剧叙事等。文化与多种参与式互动体验彼此连接，其价值和精神在不断挖掘中得以释放。互动性设计手段的出现为观众带来了多种体验方式，并且参观者有自主选择感知方式的权利。它以互动体验为基础，将多种不同的文化有机结合在一起。

4.2.5.2 叙事线索

线性叙事是将主题事件按照时间顺序或因果逻辑关系组织的。宋代郭熙在《林泉高致》中提到“四可”的说法，即“可行、可望、可游、可居”。景观叙事主题本身具有一定的差异性，这也是导致叙事线索不同的重要原因。沈华玲对叙事线索进行了分类，包括时间线索、非线性的开放线索、特定的历程或逻辑线索等。

威廉·拉波夫将叙事这一概念解释为，以事实本身顺序逐步安排语句以重新经历过去的过程。依据两个以时间为顺序前后首尾相续的语句组成一种叙事过程。叙事中的叙事线索通常可以划分为三类：单链接模式、多链接模式和超链接模式。单链接模式是一维的，单向线性的叙事方式，如博物馆的陈列设计多采用此种方式来叙事。多链接模式是多条线索同时展开的叙事方式。开放的叙事线索是故事演绎朝着不确定的结局发展，因而更能显现故事情节的曲折特征。伊纳雷托所拍摄的电影就是一个典型案例，电影中的各故事环节在时间上毫无关联性，整个故事情节被剪切得十分凌乱，就如同一副被打乱的扑克牌，然而细心的观众不难发现故事的情节具有相当清楚的脉络，即遵照直叙和倒叙两个相互交替的轨迹平行向前推进。

4.2.5.3 互动性

对景观叙事而言，互动让观众能更积极地参与到景观文化的了解和宣传中，传统旅游景点及其周边环境的设计一般以功能性的游玩活动为主，观众只能根据自身的知识、信息与经验进行解读；而互动式的景观叙事艺术从根本上来说是与主体实现真正的交流，观众可直接参与到景观的历史环境中，甚至可以参与到互动游戏中改变其图像、影像、声音等形态。

4.2.5.4 沉浸性

英语中的“沉浸”一词源于被水包围的生理体验。从精神层面来讲，“沉浸”是指人的注意力集中于某种思想或境界之中。景观叙事应当仿真历史，在知觉上可使观众体验到空间沉浸。沉浸长期以来与很多事物不知不觉地联系在一起，主要包括建筑、艺术和符号等，保罗指出最早的沉浸环境是洞穴绘画。在建筑沉浸体验中，比较典型的是中世纪的教堂，其装饰往往比较复杂且具有高大宏伟的空间感，《圣经》里的故事被创作为一座座鲜活的人物雕塑和一幅幅感染力很强的故事壁画，试图为观众创造具有沉浸感的场所。

4.2.5.5　动态性

叙事艺术具备动态性。参观者作为叙述主体，其动态性体现在多个层面：参观者身份具有广泛性、多重性与可变性；参观者的位置具有移动性、不确定性。因此，成功的叙事意味着能引导观众，控制其一定的游览路线，以及预判参观者之间的移动可能性。

4.3　叙事性设计在公园景观环境理论方面的发展

4.3.1　叙事的主题——以意大利埃斯特庄园为例

4.3.1.1　项目背景概述

埃斯特庄园位于意大利罗马以东蒂沃利小镇，坐落于朝向西北的陡峭山坡上，建于 16 世纪意大利文艺复兴时期。全园占地 4.5 公顷，平面布局规整而对称，花园内以几何形图案划分出道路，基本形状近似方形。埃斯特庄园有 6 个台层，上下高差近 50 米，有大小喷泉 500 个，可谓“百泉宫”。它与兰特庄园、法尔奈斯庄园并称文艺复兴时期的三大名园，它们充分展示了文艺复兴时期西方造园的最高成就。埃斯特庄园之所以能够在意大利园林设计中成为经典之作，很大程度上要归功于园林中几百座构思独特的喷泉，它们与自然景观浑然一体。庄园以环境优美、规模宏大、布局巧妙、水景丰富而闻名于世。埃斯特庄园最早的主人是红衣主教伊波利托・埃斯特，由意大利杰出园艺师皮罗・利戈里奥、水利工程师奥利维埃里和建筑师波尔塔一同建成，整个庄园的建造持续了 20 年左右。埃斯特庄园规模宏伟，拆掉了原有的整条街在陡峭的山坡上建园，重修了全镇的供水系统以保障花园中众多喷泉、瀑布和水池的运行。直到今天，埃斯特庄园依旧凭借着巧夺天工的总体布局、绿化设计、喷泉造景、石雕设计和人工设施吸引着全世界人民来参观。

意大利境内有许多山地和丘陵，由于夏季炎热，大多数古城沿河而建，水资源丰富。古希腊哲学家泰勒提出：“水是万物之源。”意大利在古罗马鼎盛时期，其城市内便遍布了许多水景。在文艺复兴后期，以避暑为主要功能的意大利园林，水源成为选址的首要因素，园中的水体大多数是流动的，同时有着丰富的水景样式，有精致的小喷泉也有气势磅礴的瀑布。

4.3.1.2 叙事的主题

叙事是对事件顺序安排的一种表述方式，但不仅仅是对事实或事件的简单记录，应当注意安排整个叙述的系统。叙事主题是从故事的内容出发，挖掘其内在的精神思想和价值，它是叙事作品的灵魂。从景观层面来讲，叙事作品主要涵盖历史遗址、优秀人物事迹、刻骨铭心的历史事件、神话传说等主题。埃斯特庄园的绘画和雕塑元素主要以《圣经》里的经典故事、人物和家族文化为主题。埃斯特庄园中大量采用巨型人物群雕和各种小动物雕塑喷泉进行主题深化和渲染，这些自然概念中的许多形象，都由具体的绿化、雕塑和生活场景一一展现出来，将有意义的故事情节融入雕塑和主体空间中，构成其叙事主题。景观叙事设计的基本表现方式之一是园林空间的环境要素，如山水、植物、建筑、雕塑等都是要素的组成部分，为庄园提供了丰富的故事素材。景观叙事是通过景观营造，将聚群或零散的场所资源进行整合。在叙事要素方面，庄园内的“管风琴”喷泉叙事要素配备了人工机械音乐设施，通过水流挤压水管内的空气，令喷泉发出像管风琴一样的声音，文艺复兴时期的音乐以及能“活动”的小雕像，能带给人们沉浸式的体验；喷涌如注的“龙喷泉”，与远处在树木掩映下依稀可见的别墅建筑交相辉映。喷泉系统的叙事要素，使得各类雕塑被赋予生命。“百泉台”设置了各种动物石雕和喷泉，喷泉装置如图 4-16 所示，并且还放置了代表着埃斯特家族的图腾——鹰，每隔一段距离，喷泉就射出扇形水幕，使园林景观妙趣横生，景观叙事要素栩栩如生。

埃斯特庄园根据特定的山势地形构成台地叙事线索，其平面图和鸟瞰图如图 4-17、4-18 所示，庄园的轴线是由几条轴线或垂直相交或平行，还有呈放射状排列的路网轴线形成的，无不讲究完整性和逻辑性。埃斯特庄园中轴以山体为依托，贯穿数个台面经历几个高差形成跌水，总体规划和大量的局部构图均为对称布局，有三条横向的叙事轴线。第一条是将鱼池设计在开始于底部入口的横轴上，声名极显的“管风琴”喷泉矗立在鱼池的东面，贝尼尼设计了“管风琴”喷泉后的一

图 4-16　意大利埃斯特庄园的喷泉装置

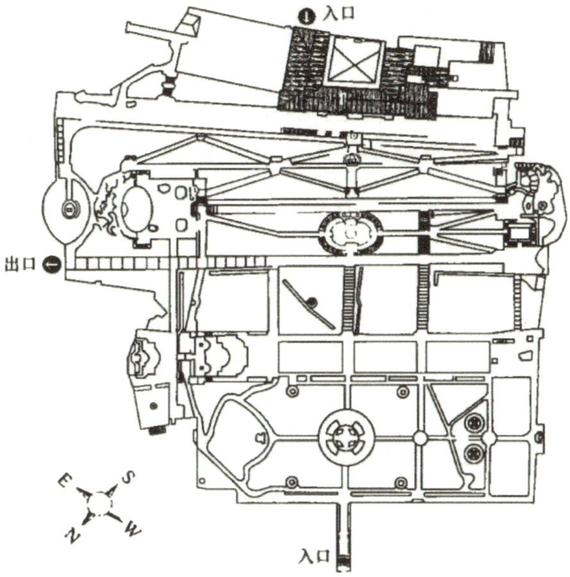

图 4-17　意大利埃斯特庄园平面图

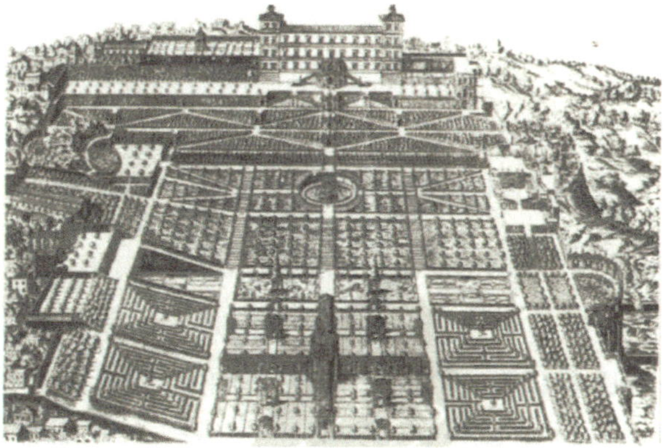

图 4-18　16 世纪的埃斯特庄园鸟瞰图

座巴洛克风格建筑，一处重要的景观空间由此形成。整个园区的中心景观是处在横轴与纵轴交界点的成体系的“龙喷泉”，这也是第二条叙事轴线。在“龙喷泉”上面的横轴是第三条叙事轴线，引人入胜的“百步泉”叙事要素位于其上，这里将东面的“奥瓦托”喷泉和西面的微缩景观“罗马城”相连通。依照造园师最初设想从第一层台地往高处台地叙事。走在横纵两条景观带上，所有的空间都不会过于宽阔或封闭，一直走到别墅的位置，形成最大视域空间，可俯瞰整个园区和附近的山脉，原有的园林树木经修剪规整后与建筑、城台和雕塑群和谐交融，形成了一个完整的叙事系统。

埃斯特庄园的具体处理方式为：将地形分上、中、下三层。台地的最高处属于上层空间，这里有较高的海拔，视野宽阔，在这里设计观景台、主体建筑等有代表性的景观，能够让视觉感受发挥控制作用；同时结合登上山顶后向远处眺望的需求，空间的广阔性也完全满足要求。山腰是中层空间，通常情况下被当作过渡空间，小体量的建筑群、小范围的场地和绿植等水景群落是埃斯特庄园中层空间的主要景观，不仅能够发挥休闲欣赏的作用，而且空间设计以半敞开半封闭为主，能够将人们的目光吸引到上层空间，提供了仰视的景观视角。园区的山脚是下层空间，用于游览，空间多为开敞式，起引导人们近观或仰视的叙事空间导向作用。

4.3.2 叙事空间的塑造——以苏州留园为例

4.3.2.1 项目背景概述

留园（如图 4-19 所示）位于苏州，占地面积 2.33 公顷。始建于明万历二十一年（1593 年），为太仆寺少卿徐泰时的私家园林。中国古典私家园林体现了历代园主人的审美、情感、哲学等思想观念。留园在一代代不断地修建和改建中，园林空间也随之变化着。王黎敏在其论文《苏州留园园林空间结构与园林叙事结构演化浅析》中，对明代、清代的留园主人和留园区的空间叙事进行了分析。留园在明万历年间为徐氏东园，为徐泰时所兴建，明晚期“市隐”思想在江南地区盛行，此时留园的园林空间也体现了文人雅士追求隐逸山水，远离尘世的情怀。通过明万历年间，袁宏道、江盈科游览徐氏东园所作的《园亭记略》和《后乐堂记》两篇文章，以及刘懋功于 1875 年绘制的《寒碧山庄图》可知，留园的中部山池区域与现今的空间结构没有发生太大变化，其串联的空间形态延续至今。清代的留园在徐氏东园的基础上修建，并改名为寒碧山庄，它的第一任主人是清代著名的书画家、藏书家刘恕，刘恕喜好收集峰石，至此后峰石便成为留园的重要叙事元素之一。同治年间，留园的主人为盛康，盛康告老还乡后改建了留园，直到 1902 年盛康身故，将留园传给了其子盛宣怀，盛氏父子家财雄厚，于 1888—1891 年间在寒碧山庄的旧园基础上，增建了东、西、北部的建筑，风格转为大开大合，营造怡然旷达的意境。鲁安东在其论文《隐匿的转变：对 20 世纪留园变迁的空间分析》中指出，留园从居住景观向公共景观变迁的过程中，园林的参与方式也发生了变化。在留园近现代分阶段的修复中，由过去静态的、清幽的院落空间，逐渐向流动空间、漫游的公共游览空间变迁。目前对留园的建筑分析大多以刘敦桢团队在 1950 年代后期至 1960 年代初期测绘的留园平面图为基础，它记录了 1953 年留园修复工程之后的状况，与留园的现状基本一样。在 1963 年《建筑学报》陆续发表的园林研究中，彭一刚、潘谷西等人均以留园为主要案例分析园林艺术中所包含的空间构图原理和空间处理手法。留园以其曲折的廊道为主要特征，此廊道形成了连续的、动态的观赏空间，同时也因此成为研究者关注的重点。

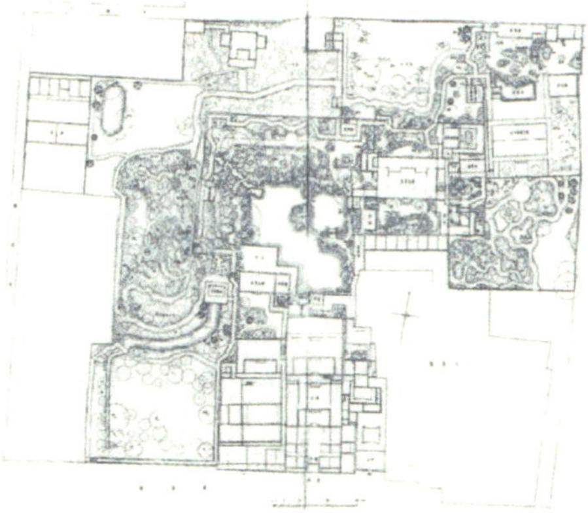

图 4-19　苏州留园平面图与实景照片

4.3.2.2　叙事空间的塑造

景观空间结构不仅是搭建园林景观内容的框架，更是承载园林故事内容的基石。留园作为古典园林的典范，园主人像大多数喜爱古典园林的诗人、画家、士大夫一样，把山水情怀寄情于园林中，把自身承载的故事和记忆融入具体的景观空间结构中，并且经由景观空间结构的组织和尺度的安排，表达留园的叙事故事。例如，留园在清代刘恕作为园主人兴建的寒碧山庄时期，入口空间的鹤所、传经堂、西楼等庭院空间较小，意图营造曲径通幽后豁然开朗的叙事意境。整个叙事文本的最前端就设置了读书、峰石、居住三大主题空间，同时空间之间有着开合的结构，最后可到达主体建筑群。尽管每个人对留园的具体感知都是无形的，但是这种感知需要让游客来体验。因游客的文化背景程度不一，认知能力不一，审美眼光不尽相同，留园在为游客讲述故事的过程中被不同人感知，就会出现多角度的感知可能，留园的生命力和空间的多样性也变得丰富起来。从叙事的角度来分析，人们在体验抽象的景观空间结构时，需要更多层面的感知。抛除最直接的视觉感知，尚需要从逻辑思维角度来分析和推断运动体验中的时空感知，这是一种看不见、摸不到的故事讲述方式，通过朦胧的、暗示性的语言来表达感受，传递信息，深邃的场所空间意境就此产生。再通过叙事性的角度来阐述，固定的空间结构形式能够同与其呼应的故事内容完美融合，从留园大、小空间组织结构的变化和彼此空间关系的处理中，不难看出隐藏在其中的故事内容。例如，留园整体空间的历史脉络和故事情节，都凝结在全园空间的发展变化、格局的叠加、结构的对比中，大小、对比、错落、呼应等关系在区域性景观空间中通过相对独立和完整的空间结构逐渐形成，能够帮助游览者完整、独立、连续、交叠地对故事进行解读，体验意境的变化。再从小空间结构进行分析，就石林小院而言，主人在造景赏景上的高雅追求，和发生在这个小空间中的雅致故事，都经考究的结构布局传达给游客。对这种隐晦性表达方式的深刻体会，能够给人带来在图画中游览的叙事体验。

留园主要分为西区、中区、东区三个区域，其建筑空间处理巧妙，造园手法丰富，构成了有节奏有韵律的园林叙事空间体系。山景是西区的主要景观，山水是中区的主要叙事元素，建筑区主要集中在东区。园区水景设于中区东南地带，假山群筑于西北地带。全园的外围廊道贯穿了东区，结合留园西侧的爬山廊，曲径通幽，变化多端。水池是整个留园的中心地带，假山小亭散落在水池以北。水池西侧假山上的轩是俯览全园景观的最佳地带，长廊将此处空间同各地空间联通。园区被各种建筑物分隔成几个区域，各种各样的门窗样式出现在这里的各个建筑物上，每扇小窗不仅样式不同，还能起到联系各个区域景物的作用，游客在建筑内向外观赏时，可以将各具风味的景观尽收眼底，最大限度地拓宽了视野空间。多种组织序列带来的丰富的情节感受，在留园中随处可见。相互独立的内容或主题相同的有连续性的场景存在于不尽相同的空间中。如何在场景中编排那些单独呈现的故事和有连续性的内容，怎样组织空间内容序列和彼此空间的承接关系，先叙述哪里、后叙述哪里都是需要高度重视的，不同场景空间按照不同的变化顺序序列组织，能够带给游客与众不同的认知体验。

在本书中，将借用留园的空间叙事方法，如顺叙、倒叙、并叙、插叙等，来对景观空间序列的隐形叙事表达进行解读，对其中不同以往的历史体验和空间意义加以运用。

4.3.3　叙事的线索——以北京大兴生态文明教育公园为例

4.3.3.1　项目背景概述

大兴生态文明教育公园（如图 4-20 所示）占地约 14.15 公顷，位于北京南五环以南，大兴区北侧的新媒体产业园，北侧紧邻新凤河，所在位置属于北京市主城区的边缘地带，临近新兴城市板块与机场辐射区。此区域也是北京产业调整升级、腾退还绿的重点规划区域，面临低端产业关停、流动人员清退等问题。早在 2016 年，习近平总书记等党和国家领导人参加了在公园原址举行的植树节活动，提出“知行足下”“把大兴建设好”等城郊地区城市更新的工作重点。

图 4-20　北京大兴生态文明教育公园

4.3.3.2　叙事的线索

公园里的四个关联景园按照叙事逻辑自西向东设置，为了体现“自然畅想”“普及引导”“教育纪念”“努力践行”的顺序性叙事，四个主题园分别取名为畅想园、智慧园、知行足下园和奋进园，并通过每个主题园的一级园路和一条环形生态步道联通，来体现公园叙事的连接性。除此之外，每个自成一体的景致都有其名字。设计师安排了科普性景观及其背后的故事，使观众在参观结束后，能够对整个生态园林有一个整体的了解，达到景观与观众对话的互动效果。就像电影胶片为我们呈现出来的连续影像空间一样，通过这种线性的叙事方法，可将这幅既真实连续又动静结合的线性叙事场所的设计图展现在游客面前，不仅强化了人们的审美体验，还能引人深思。正如叙事暗示着可通过行为和体验的偶然性获得知识，隐藏在叙事结构和场所后的意义被片段巧合、暗示性地揭示出来，引发游客内心的认识、理解、整合乃至共鸣，具有生态教育沉浸式学习的叙事特点。

公园内的群体灰建筑与场所群选用的混凝土材料、碳化木混合结构具有自然朴素的象征意义。同时，景观矮墙、雕塑、铺装、地面垫层等造型采用拆迁遗留下来的砖、混凝土、碎骨料等废料，形成具有循环利用的自然环保理念、教育纪念意义以及智慧理念等的叙事性的事件场所。畅想园延续了中国传统园林的空间特征，通过山、水、田、园、诗等叙事元素来营造意境，结合一级园路和几何形状的廊架形成线性的序列空间，使得观众能在此区域畅想山水田园生活，引发观众对于过往事件的回忆和对美好自然生活的向往。智慧园是科普知识与生态意识的引导基地，核心构筑物是一座三层的圆形观景台，名为翠波廊桥，游客可在旋转式的、不同高程的变化中体验步移景异的感受，如在林端行走可体验自然空间，在观景台的最高点可俯观中部植物，同时还能远眺大兴区的历史变迁。位于智慧园的永续廊是一处大型的休憩空间，构筑物采用了废弃材料和可再生材料，传达了生态系统循环利用、生生不息的永恒生命静态叙事主题。经过中部知行足下园和树·纪念广场可进入奋进园，奋进园是公园叙事的尾声和重点区域，再现了大兴区生态文明实践的历程。贯虹廊是奋进园的休息廊道，它的起点线与终点线均与河岸和防汛墙平行，展翅欲飞的钢、木结构造型，象征着生态文明建设和城市发展腾飞。

大兴生态文明教育公园是以中国园林画式的线性逻辑和序列为叙事结构的，结合朴素风格的建筑塑造叙事空间，并在线性的空间中布置山水田园的叙事理念，运用一系列再生材料和自然的主题叙事元素，来实现游园的科普性教育意义和自然浪漫的观景体验目的。

4.3.4 叙事的体验——以卢卡斯叙事艺术博物馆为例

4.3.4.1 项目背景概述

电影艺术大师乔治·卢被称为“星球大战之父”，同时他也是一位收藏家，拥有丰富的叙事艺术收藏品，包括超过一万件与电影相关的漫画、插画、摄影、影像、雕塑等艺术作品，以及多样的电影纪念品。2014 年，卢卡斯计划建立一座集叙事、艺术以及移动影像发展于一体的叙事艺术博物馆，同年 7 月，中国建筑师马岩松领衔 MAD 事务所的方案拔得头筹。卢卡斯叙事艺术博物馆（如图 4-21，4-22 所示）最初项目选址位于美国芝加哥，紧邻密歇根湖，最终落地于美国洛杉矶。这座占地约 4.45 公顷的博物馆被美国媒体称作“极具未来感并与景观无缝连接的博物馆”。卢卡斯叙事艺术博物馆对人与自然的关系做了创造性的诠释，例如博物馆为了更好地融入周围建筑和景观环境中，比之前公布的概念设计阶段的方案增加了 1.86 公顷的户外绿化空间，而减少了 25%建筑体积和 40%的占地面积。2014 年 11 月，“公园之友”（Friends of The Parks）组织以湖滨区域只能作为公共区域，不能用于私人建筑的名义，阻止了卢卡斯叙事艺术博物馆落地于美国芝加哥密歇根湖附近。2017 年 1 月，博物馆最终确定落地于洛杉矶城市中部的洛杉矶博览园，这里是洛杉矶著名的文化区域，洛杉矶自然历史博物馆、洛杉矶竞技体育场等多座地标建筑均建在此区域。落地此处的卢卡斯叙事艺术博物馆与卢卡斯的电影风格相似，极具未来感，像一艘飘浮于空中的战舰。

图 4-21　芝加哥卢卡斯叙事艺术博物馆国际竞赛方案

卢卡斯叙事艺术博物馆被想象为某种超然世外之物，如一朵云般飘浮在城市的上空，又像天幕一样笼罩着博物馆之下的公园，探索着自然和都市的关系。博物馆不仅由一系列线性的叙事展览空间构成，还包含电影院、咖啡馆、餐厅以及图书馆等空间。博物馆中部底层的挑空结构，供游人穿行，同时这个巨大的挑空结构又像一扇通往未来的大门，欢迎四面八方的市民和游客来畅游未来。博物馆的屋顶被打造为一个开阔的景观空间，使建筑与周边的绿色植被融为一体。观众可以登上屋顶露台享受洛杉矶的美景，以一个全新的视角感受博物馆建筑。

图 4-22 洛杉矶卢卡斯叙事艺术博物馆

4.3.4.2 叙事的体验

空间序列是场所空间的组织方式之一，这是一种无形的、能够编排叙事空间次序的组织方式，因此能够表达出隐晦、暗示性强的相关信息。由于隐存在序列当中，需要观众积极调动自身视觉感知、动态时空感知和思维感知，才能由表及里真正解读出空间的具体内涵。卢卡斯叙事艺术博物馆的展览空间是一个足够宽敞的开放空间，整个展馆大致可以分成三个部分，这三个部分又由各自的小部分组成，为了适应各部分大小不同的展出，展馆设计了不断变化的内部格局。

一个体验的区域位于上层的“云”空间里，观众能够体验到没有边界感的空间，感觉像是漫步在云层中。另一个体验的区域位于屋顶的花园，步道、餐厅和花园都设置于屋顶之上，是一座能够同时容纳上千人的城市级别花园。在卢卡斯叙事艺术博物馆中还有剧场、教室、图书馆等，这里的图书馆设计仿佛让人穿越回远古，因为它与山洞十分相像，但这种设计也具有很强的未来感。被称为“城市天穹”的巨大穹顶设置在这个地方，临时展览、音乐会等各种各样的城市活动都能够在这里举行。璀璨的天光在穹顶中央倾泻而下，激发人们向上走，对叙事艺术和历史进行探索的好奇心。穹顶周围，是开展故事的环形展厅，沿着斜坡呈螺旋上升状态，将观众带入一段跨越时空的旅途中。为了能够同公众产生沟通和互动，博物馆开创性地展示了叙事艺术史，体现了与环境的融合，给人们带来整体、连续的空间体验。

4.3.5　叙事的元素——以古北水镇研究为例

4.3.5.1　项目背景概述

司马台长城位于北京市密云区的古北口镇，是北京东北部与河北省的交界处。此段长城全长 19 千米，敌楼 35 座，始建于万历年间，由著名将领戚继光亲自督建。古北口是燕山山脉各隘口中地势较为险要的隘口，是扼守南北交通要道的险要位置。为防止外患而在古北口一带建立关城，是长城上著名的关塞之一，有着“京师锁钥”之称，位于山海关和居庸关之间。史料显示，自战国以来古北口便是中原势力防御北方民族的第二道关塞或北方民族南控中原的前哨，同时也是南北贸易和文化交流的主要通道。司马台东段长城蜿蜒起伏，立于巨崖峭壁之上，拥有珍贵的长城历史文化资源。2010 年 7 月，中青旅控股股份有限公司、乌镇旅游股份有限公司、北京能源投资（集团）有限公司和战略投资者成立了北京市古北水镇旅游有限公司。2014 年，历时三年半的建设，古北水镇正式对外接待游客。古北水镇依司马台长城而建，并以原有的三个自然古村落为依托，对其进行了改建，背靠险峻的司马台长城，小河穿镇而过，形成了北方少有的水乡特色，与音乐广场、温泉广场、商业街等共同构成了综合型长城村落。

4.3.5.2　叙事的元素

明清和民国期间，古北水镇是长城脚下的一座北方小镇。小镇拥有深厚的边关军事历史文化，《密云县志》记载：“京师北控边塞，顺天所属以松亭、古北口、居庸三关为总要，而古北为尤冲。”王克敏在《基于景观叙事的游客体验研究：以密云县古北水镇为例》中分析了古北口段的长城历史和古北水镇的相关叙事元素。古北口长城由卧虎山长城、蟠龙山长城、金山岭长城和司马台长城组成。古北口是控扼京师的边关要塞，也是南控幽燕北捍萧漠的战略要地。同时，古北口还是内通外联的行镖通道，也是清朝正黄旗的驻军之地。此处边关贸易繁荣，有许多商人和镇守边关的军眷也成了当地居民，因此小镇充满了满族文化。地处边关为古北水镇带来了戍边豪情的司马小烧。司马小烧是一种采用五种粮食制作而成的粮食酒，将士们在寒冷的冬天喝酒来御寒。古北水镇在建设时，尽量保留了司马台长城脚下的三个原始村落的文化和格局，体现了老北京的民俗风情，统一规整和强化建筑、街道、设施、历史文化和商业文化等叙事题材。

通过对边关历史题材故事的分析可以推断出，古北水镇在整体上体现出四段式的叙事框架。古北水镇环境图和实景照片如图 4-23 所示。跨过一座小桥，能够到达汤市街，这里有一座司马小烧酒坊，戍边将士的万丈豪情在此充分体现，让人们只在长城脚下就能够体验到边关的文化氛围。紧接着来到令公街的杨无敌祠，这里将特色的建筑院落、杨家将的雕塑和长城的历史文本展现给人们，古北水镇

图 4-23　古北水镇环境图和实景照片

居民尊崇英烈的情绪扑面而来，让人们能够体会到作为军事战略要地，古北水镇地理位置的重要性。日月岛广场也被设置在这里。沿着主路上的水系分支走，游客能够看到以当时的情景为依据进行复原的镇远镖局，作为历史上传递物资的临时站点，镖局能够将历史上古北口在内接外传上起到的关键交通枢纽作用完美展现。至此，一种“即将出关”的体验能够让游客沉溺于其中。设在镇上的八旗会馆，更是清朝时期驻军的关键场所，现在这里不仅能够进一步体现历史氛围，也能够满足会务接待等公务需求。古北水镇在建筑改造过程中将村落建筑拆迁后的废旧砖、瓦、木材等材料再利用，降低了建设成本也体现了历史文化，结合长城使用的建造方式来设计石砌的挡墙，与北方民居中的清水脊、砖雕、木雕等叙事要素融洽，展现了司马台长城文化的地域特色。古北水镇的长城军事文化、边关商贸和民俗文化为本书案例设计提供了长城叙事要素。古北水镇内设有诸多承载京城民俗风貌的民俗故事，有观看戏台表演，进行作坊体验，品尝特色餐饮和体验边关商贸等形式多样的叙事素材。

4.3.6 叙事的拼贴美学——以首钢北区工业遗址公园研究为例

4.3.6.1 项目背景概述

首都钢铁厂（简称首钢）始建于 1919 年，位于北京市石景山区。首钢为我国钢铁产业做出了巨大贡献，但因其产量巨大也造成了环境污染问题，2001 年北京申奥成功则加快了首钢的停产迁移。首钢经历了多个时期，如今已涵盖了永定河于石景山区以西的大片面积。新首钢高端产业综合服务区规划范围东至体育场西路，西至永定河东堤，南至莲石路，北至石龙路，总面积约 863 公顷，并以长安街西延线为界分为南北两个片区。另外除了主厂区外，首钢还包括职工住宅区、医院、体育馆和学校等，目前这些功能区正逐渐融入城市中。首钢场地的工业化历史可以分为六个阶段：第一阶段是在 1919 年前的工业化前期；第二阶段是 1919—1949 年的工业化初期；第三阶段是 1949—1978 年的工业化发展期；第四阶段是 1978—2005 年的工业化成熟期；第五阶段是 2005—2015 年的去工业化探索期；第六阶段是在 2015 年后的去工业化实践期。

早期首钢荒废后（如图 4-24 所示），周边的荒草和灌木包围了建筑及其设施和场地，与此同时也让首钢变得具有历史感。首钢北区核心片区总面积约为 291 公顷，工业遗存密度 45%，位于首钢主厂区北区块，包括炼铁厂、焦化厂、动力厂、机修厂、秀池、群明湖等片区，涵盖了高炉炼铁所需要的完整的工业生产线。这些遗存的建筑、设施和设备被视为北京最有价值的“露天工业博物馆”。其上位规划图上显示，北区被改造和利用为公园绿地、文化娱乐用地等主要功能用地，重新规划其绿地空间以及对污染区域进行长期的修复，并利用现有绿地和植物形成一个生态大系统。在功能再利用方面，首钢复兴承担着高新产业和遗产文化园相结合的城市职能，如图 4-25 所示，是工业遗产活化的范本，例如 2021 年举办的中国科幻大会、中国国际服务贸易交易会、2022 年举办的北京冬季奥运会等。

图 4-24　首钢荒废后杂草丛生

图 4-25　首钢活化后的城市职能

4.3.6.2　叙事的拼贴美学

首钢北区主要为满足承办 2022 年冬季奥运会项目以及接待等功能需求，在满足冬奥设施和服务的基础上，必然会对首钢旧址进行大量拆除和现代化改造，这也让首钢园在空间和视觉上具有拼贴美学。

在当代景观研究中，约翰·狄克森·亨特（John Dixon Hunt）呼吁人们关注如何理解、重审和扩展对作品的诠释。园区内遗存着工业的废墟，如图 4-26 所示，通过景观现代设计手法的织补，力求让场地中的遗址、道路、地形、植物等具有辨识的空间要素达到一种平衡的状态，构建一个富有叙事性的后工业场所，同时引发观众往昔记忆与“怀旧”之间的拼贴美学。“怀旧”体现了主体对某种氛围、感受和价值观的认同。沿着铁路步行体验场地中过去曾经发生过的历史事件，从而产生美学上令人愉悦的废墟美和现代美。首钢北区园区里，三高炉干法除尘控制室变成星巴克咖啡厅，7000 风机房成为六工汇购物广场，首钢发电厂成为北京首钢园香格里拉酒店、人工智能场景应用、科幻产业等新业态汇聚地。工业遗存持续发展，其活力指数也不断提升，最重要的北区三高炉、秀池、群明湖、冬奥广场已逐渐成为网红打卡地。

图 4-26 首钢活化后的景观格局

首钢北区场地中的许多历史在更新过程中呈碎片化，但场地与场地之间的历史文化仍有着结构性。面对碎片化、复杂化的首钢历史场地，其历史性是有力的隐喻和修辞手段，可以更好地演绎叙事故事。西十片区为冬奥组委会办公总部，片区内是首钢重要的物料运输场，目前有着铁轨、天车、六条传送带等历史遗存。西十片区的景观叙事基于原有场地的条件，将历史遗存下来的物件作为景观设施和小品等，将不同历史时期的遗迹进行整合并再现。

李宾在《首钢工业景观格局变迁研究》一文中基于区级文物、重要遗存、建议保留、强制保留等工业遗产的保护与再利用，对园区内遗存的“机器的复用”做了详细的分析。新 3 号高炉建于 1993 年，是众多高炉中最年轻、体量最大、工艺技术最先进的高炉，同时有着最高点和临近水源的优势，位于转型区最佳位置。在对 3 号高炉改造时参照了美国工业设施的法律规范，对主体的钢结构设施进行了改造。目前 3 号高炉已对外开放，成为园区一览全景的最佳观景处，游客可在此俯瞰整个园区，如图 4-27 所示。3 号高炉旁边的秀池原名为秀湖，始建于 1940 年，是首钢最早的大型水面景观。秀池建设的最初目的是用于存放炼铁循环用水以应对区域内的水资源匮乏问题。目前秀池底层用于埋藏被污染的土，在池底增加了地下停车库，以及在池底建了圆形的地下博物馆，博物馆内展示了首钢的百年历史。

图 4-27　首钢秀池片区和 3 号高炉

位于首钢南侧的群明湖始建于 1950 年，建造的最初目的是用于回收工业冷却用水。多年来首钢不断改造，在湖周边加建了众多的仿古建筑。在首钢园景观改造过程中将原来不到 8 米的滨湖绿地扩建为 20~90 米不等的绿地空间，丰富了湖的自然地形和驳岸线，增加了景观游走路线，使得场地恢复到工业化之前的自然状态，同时其开阔的视野能使游客看到高炉等地标性历史遗迹，如图 4-28 所示。在植物方面选择了低维护和人为干扰较少的景观植物。群明湖北侧有 170 个混凝土喷泉矩阵，曾经是工业循环水池之用，冷却水通过喷泉管道从混凝土柱的顶部喷出并汇入池中，形成降温环节的重要历史见证物。设计师将其作为历史基础，加建结构改为下沉式水中步道，让游客能身临其境地去触碰场地中的历史。

在首钢北区的设计中，设计师鼓励游客通过自己的理解来诠释场地历史。例如，强调在铁轨、管廊和冷却池等遗存中的历史原真性，通过历史场地碎片化的叙事对遗迹进行隐喻和暗示等。拼贴式的布置被吸收成更加自然的蒙太奇，使首钢北区成为同时具有现代感和历史气息的大园区。

图 4-28　首钢群明湖片区和下沉式水中步道

4.4　景观叙事与坊口村长城军事文化公园的同构类比

景观叙事作为传播媒介，承载着时代的历史使命，与长城文化相结合，便能实现符号转化，更好地展现长城悠久的历史文脉，长城军事文化景观应具有景观叙事的符号性、场地性和归属性。景观叙事与坊口村长城军事文化景观叙事分别产生于不同的社会时期，坊口村长城军事文化公园也有不同于一般公园的特殊性，它须在一定区域中，展现其独特的军事文化科普叙事特征。对于景观叙事与坊口村长城军事文化公园的同构类比分析，有助于探索叙事手法在长城军事文化公园中的应用。

叙事研究始于传统文学作品，而直到 20 世纪 80 年代，景观中的叙事才开始作为一个设计要素融入实际项目中。中国传统景观叙事在当时的社会文化背景下，由于战争的动荡寄情于神话和自然山水中，随着科技的发展和工业时代社会形态的转换，从传统叙事发展为多元景观叙事的开放叙事手法，现在的叙事研究已经在人类学、哲学、社会学、历史学、心理学、人工智能以及数字媒体等各个领域中广泛传播，而每一个领域又各自有其独特的研究范围与方法。景观叙事也在社会背景发展下促成了多学科叙事的交叉发展，更多地将数字景观运用到设计实践中，并且在这个基础之上阐释了当代学科叙事学研究的主题以及理论模式，为建立坊口村长城军事文化公园提供了设计依据。

传统景观叙事的主体是以私家园林和别墅庭院为主，服务于个人或特定的一类人群，如文人雅士，这类人群具有一定的叙事相关的背景知识。而坊口村长城军事文化公园具有科普的功能，因此针对的人群涵盖各个年龄层，满足不同人群对于长城军事文化知识的获取就显得尤为重要。狭义上说，长城军事文化公园服务范围涵盖附近村落或周边旅游人群，涉及农民、知识分子等各阶层，属于大众性的公共用地；而广义上说，它也服务于乡村发展，造福于乡村建设。

如今的叙事领域随着照相机、计算机、电影、网络等多媒体技术的发明与革新，逐渐催生了诸如沉浸式体验、角色扮演、远程交互的新叙事形态，更多诸如数字景观的科技手段渗透在新的叙事形态与叙事话语中，能更好地传递长城军事文化相关知识，让更多的人群参与到新技术的互动体验中，这也是坊口村长城军事文化所要突出的叙事特征。

4.5 坊口村叙事公园景观设计研究方法

4.5.1 研究问题与讨论

本书主要研究长城叙事设计的理论与长城叙事公园的设计，包含了坊口村的历史与现状环境分析以及坊口村长城叙事公园景观设计两部分，坊口村的历史与现状环境是公园设计研究的前置工作，叙事公园景观设计是指拟对坊口村长城叙事公园进行方案设计。本书立足于坊口村的现状，将公园的叙事性设计作为核心概念，探讨如何对长城边上的遗址公园进行设计研究与讨论。

在理论研究层面：一是明确研究区域是坊口村村域的历史和现状；二是明确本研究的内涵，通过多角度的研究进行叙事理论的探讨，加强历史、人与自然、社会等方面的关系；三是长城叙事公园特征的打造，在长城功能转换的过程中，提出了长城文化认知的旅游新思路。

在方法研究层面：一是明确公园的含义，梳理景观叙事的适宜性；二是明确坊口村的特色，梳理坊口村现有改造建筑和村景观的特点，构建坊口村叙事公园景观规划设计；三是构建自然与生态的和谐关系，关注适宜性设计；四是将地理信息系统等科技手段应用到设计项目中，体现科学的应用性。

在实践研究层面：本书具有重要理论与实践探索意义，研究成果对长城的开发与利用等方面的工作有着参考意义。目前旅游开发项目在大力发展时期，虽然长城旅游游客人满为患，但真正意义上的长城文化宣传少之又少。因此，如何宣传长城文化和合理利用长城文化应是下一步长城开发与利用的重点。

4.5.2　研究方法与过程

本书从设计理论学科和实际问题出发，以怀来县坊口村长城叙事公园的建设设计为例，将叙事理论纳入研究核心，将理论、方法、实践相结合，其中叙事理论是指将叙事主题内容、叙事线索、叙事特点等系统化研究起来。

本书以坊口村为研究对象，基于坊口村的景观与环境特征，从坊口村的村长城历史文化和生活、地理与生态、美学与认知方面分析现状，从而得出长城叙事公园的设计策略。

4.5.2.1　坊口村长城历史文化和生活方面的调查研究

坊口村地处河北省张家口市怀来县瑞云观乡，紧邻北京。在明代，坊口村长城是居庸关往西的一道关口，地理位置冲要，是整个防区的前哨地带，是进入京师的要道，因此坊口村具有深厚的长城历史文化。本阶段从长城历史文化、民居空间、公众认知、景观使用四个方面进行调研。例如，在长城军事文化背景下展开坊口村民居建筑风貌分析、民居人口特征、景观空间特征分析等。

4.5.2.2　坊口村地理与生态方面的调查研究

村落延续了明代设兵驻守之功能，因此在现代化进程中，村落并没有被大拆大建，仍保留了质朴的建筑风貌，同时有着丰富的地理资源与生态资源。选取坊口村村域为研究对象，从视觉吸引力、景色质量以及视觉敏感度角度进行分析，并通过长城叙事进行研究，然后从生态角度来探索坊口村生态环境与景观设计问题。

4.5.2.3　坊口村美学与认知方面的调查研究

坊口村资源利用与开发是近年来一直在打造的地方特色，长城风景资源以及现有村落的审美问题是探讨长城叙事公园设计的关键。本书将梳理坊口村审美特征，并进行叙事性讨论和思考，分析坊口村的历史和现状，以坊口村长城公园为例探讨景观叙事的利用与设计方法，从景观作品中研究认知方面对景观叙事的启示。探索在当代环境背景下，叙事设计理论具有的现实的应用价值。

第 5 章 怀来县坊口村景观建设现状与特征

本章以怀来县坊口村长城叙事公园景观的营造为例，进一步思考坊口村的环境特征是什么，如何认识坊口村的景观环境，人与景观环境的关系如何。以此展开对坊口村的调研工作，分别从长城历史文化和生活、地理与生态、美学与认知方面分析现状。

通过调研，重点考察坊口村的环境资源、景观视觉特征、现有村庄建设和使用现状。在长城历史风貌和生活方面，主要收集怀来县志和民间传说等资料，梳理坊口村的长城历史文化和人文历史的构成要素，考察和分析坊口村的民居建筑风貌、景观特征、公共设施、交通状况等。结合地理生态学理论和方法，提出坊口村的生态涵养和景观保护应遵循的相关实践原则。通过现场采集信息，展开对村域美学与认知方面的相关研究，探索基于长城艺术美学的景观审美特征。

5.1 怀来县端云观乡坊口村村名由来

怀来的历史最早可以追溯到战国时期，当时叫沮阳，从秦一直沿用至南北朝。北齐时期名为怀戎，有“安抚少数民族，消除敌对”之意，此名一直沿用至辽。据《辽书·地理志》记载，辽太祖时期改怀戎为怀来，“来”有使之来，使臣服、归顺之意。金明昌六年，怀来县曾改名为妫川县。至元代又复称怀来县，沿用至今。瑞云观建于清初，当时怀来城太师庙有位法号称瑞云的道士，来此定居建庙，香火日盛，人丁兴旺，逐渐发展成村庄。

坊口村位于河北省怀来县东南部，瑞云观乡政府驻地东南 7 千米处，地处山区。由于怀来县坊口村独特的战略位置，与北京市昌平区、门头沟区交界，自然地理上属军都山西段（燕山西段）与太行山交汇地带，处在京西北明长城南侧。《怀来县志》中有记载："坊口村原名防口，是进入京师的要道，明代设兵驻守，由此得名防口。1938 年防字讹传为'坊'，而得名坊口。"

5.2　怀来县坊口村文化与历史景观环境

5.2.1　怀来县坊口村历史概述

自古以来，怀来县发展的主线就是北方游牧民族和汉民族融合交流与战争防御。如表 5-1 所示，根据《怀来县志》记载，在战国时期，从西边的造阳（今河北怀来境内），至东边的襄平（今辽宁辽阳境内）修筑千里长城以抵御东胡的入侵。秦汉时期，今怀来县地属燕地，为上谷郡，设置沮阳县，为怀来建县始端。唐代，唐太宗改北燕州为妫州，州治怀戎县城（今涿鹿保岱），坊口地属幽州。辽代，割幽州、妫州等 16 州给契丹，恢复怀戎为怀来，属可汗州清平军怀来县，属西京道，坊口地属南京道，析津府。明代，洪武四年（1371 年），徙山后（包括怀来）民 17 000 户于居庸关南，永乐十五年（1417 年）改为怀来左卫，次年又改为怀来卫，景泰元年（1450 年），明军在怀来屯兵十营，怀来至京师土城筑烟墩，遇事举火以报信，保护京城安全。明代坊口地属顺天府宛平县。清代，怀来卫属宣府镇，后属宣化府，坊口地属顺天府昌平州。民国初期，坊口在怀来界内，曾划归察哈尔省；民国二十六年（1937 年）出版的《察哈尔省通志・疆域篇》记载："怀来县境，东距城 30 里至炮儿上，与延庆接壤，西距城 70 里至水泉村，与宣化区接壤，南距城 50 里至镇边城，与河北所属昌平县接壤，北距城 50 里至甘庄村，与龙庆县接壤。"抗日战争期间，属昌宛联合县所辖。1948 年，划归怀来县，属第四区管辖。1958 年，全县实行政社合一，原 23 个乡 161 个合作社改建为 6 个人民公社，坊口村属花园人民公社；1961 年，将 6 个人民公社调整为 27 个，属横岭人民公社；1984 年，全县政区改制，撤销人民公社建置乡村制，属横岭乡；1998 年，横岭乡与瑞云观乡合并，坊口属瑞云观乡。

表 5-1 怀来县坊口村行政建制历史脉络

时代	州、郡、省（或诸侯国、大分裂时期的朝代）	坊口境内的行政机构
战国	属燕国，为上谷郡	
秦汉	属燕地，为上谷郡	郡治沮阳
北魏	平原郡	平原郡
北齐	燕州	怀戎县
隋	北燕州	怀戎县
唐	贞观八年，北燕州改为妫州，州治怀戎县城	怀戎县
辽	辽初改妫州为可汗州，改怀戎为怀来，为今县名之源	怀来县
金	金明昌六年，改怀来县为川县	西京路德兴府
明	宣府镇怀来卫、保安卫	顺天府，宛平县
清	宣府镇、宣化府	顺天府，昌平州
民国	民国十七年划入察哈尔省，1938—1948 年，坊口属昌宛县，1948 年初划归怀来县，属第四区管辖	察哈尔省，昌宛县，怀来县
中华人民共和国	坊口村属花园人民公社（1958—1961 年）；横岭人民公社（1961—1984 年）；横岭乡（1984—1998 年）；瑞云观乡（1998 年至今）	张家口市怀来县

5.2.2 怀来县文化与历史景观环境

怀来县因独特的地理位置和自然环境，景观形态也独具特色。早在战国燕昭王姬平二十九年（公元前 283 年），郡治因建在大山谷上边而得名“上谷郡”，位于今日的河北省张家口市怀来县小南辛堡镇大古城村北沮阳遗址。当时，燕昭王派曾在东胡做人质归来的大将秦开击败东胡，使东胡北退千余里，将燕国的北部疆土拓展至辽东。其后，沿北部边界修筑长城，置上谷、渔阳（今北京密云一带）、辽东（今辽宁辽阳）、辽西（今辽宁义县西）、右北平（今内蒙古宁城）五郡，上谷郡是燕国北疆西部第一郡。所辖范围大致包括今河北省张家口市怀来县、涿鹿县、赤城县、沽源县以及北京延庆区等地。这时期的军都陉为太行八陉之一，指居庸关关沟，乃《吕氏春秋・有始》《淮南子・地形》中都提到的“天下九塞”之一。此地山高谷深，雄关险踞，景色秀丽，是北京市去怀来县和内蒙古草原的天然通道，自古为兵家必争之地，见证了许多王朝的兴衰。

唐朝，怀来县有着重镇之称。唐代幽州地处北部边陲，具有重要军事意义。这里是汉族与少数民族交会的区域，民族融合盛况空前，是民族大融合的冲要之地。怀来县的交通便利也促进了经商贸易的发达，例如，郑嵎所著作的《津阳门诗》:“幽州晓进供奉马，玉珂宝勒黄金羁。”还有许多的边塞诗歌，如高适的杂曲歌辞《蓟门行五首》《蓟中作》《塞上》等。

辽、金在北京建都，辽称幽都府，后改称析津府，金称大兴府，元朝称大都路，后改称北平府，明代改称顺天府，清代沿用顺天府这个名称。顺天府是首都的最高地方行政机关，故有“顺天”之意。1914年改顺天府为京兆地方，设京兆尹，直到1928年国民政府定都南京，撤销京兆。

明代，坊口村属于顺天府宛平县，明朝在北部地区修筑的军事防御工程，亦称边墙。东起鸭绿江，西达嘉峪关，横贯今辽宁、河北、天津、北京、内蒙古、山西、陕西、宁夏、甘肃等省、区、市，全长6 300多千米，故称“万里长城”。清代坊口村属于顺天府昌平州。

民国二年（1913年），以直隶省口北道和绥远都统、察哈尔部、锡林郭勒盟设置察哈尔特别区。民国十七年（1928年）改为省，辖境相当于今河北省张家口市，北京市延庆区，内蒙古自治区锡林郭勒盟大部，乌兰察布市东境。民国三十六年（1947年）6月析万全县县城置张垣市，省会改为张垣，在今河北省张家口市桥西区。张自忠曾任察哈尔省主席。全省土地面积为27 895 700公顷（一说28 367 500公顷）。此时的坊口村在横岭、镇边城等沿线的村落有去往沙城等地的民间商道，通过人们描述的坊口村大店的繁荣景象，可以推断这条民间商道在当时的重要程度。

坊口村文化经过漫长的周期形成，在形成过程中不断演化和丰富，形成了特有的文化。其历史遗存、文化形态、空间形态、社会习俗以及独有的人文精神等，对坊口村的文化有着诸多影响，并以一定的价值连接在一起。坊口村历史文化具有鲜明的地域性、传统性和独特性。

5.3 坊口村长城文化与长城自然地理特征

5.3.1 明长城历史文化

5.3.1.1 明长城军事防御体系

明朝初期，统治阶级为了巩固政权，对农民采取了减免负担、鼓励生产等措施，对工商业也采取了扶植的办法，官方经营的采铁、铸铜、军器火药的制作、土木建筑等手工业均得到空前的发展。与此同时，鞑靼人经常南下侵扰以及女真族的兴起，严重影响了地区稳定和社会秩序。为了防御边患，屡次修建长城，早期修缮重点是北京西北至山西的外边长城和山海关至居庸关的沿边关隘；后期不仅大规模修建长城，防御组织也进一步完备，今日所看到的正是明代遗留下来的长城。朱耀廷等人在《战争与和平的纽带：古代长城》中提到："明长城是我国历史上修筑的最后一道长城，同时也是历史上修建规模最大、历时最长、工程最坚固、防御最完善的长城。"

《明代军事史》对明朝 270 余年的军事发展做出详细的梳理，其中包括军事技术、军制、战争、边海防战略、军事思想等。随着长城的边镇城池受到越来越多的关注，20 世纪八九十年代出版了一系列长城边镇聚落关隘研究的专著。1980 年，董鉴泓、阮仪三等在著作《中国城市建设史》中对雁北边防城堡进行过较为详细的调查。康宁在《军事筑城体系与长城》中对各朝代修筑长城的规模、工程技术以及防卫设施等方面进行详细分析与介绍。刘谦在《明辽东镇长城及防御考》中通过长城系统、陆路屯兵系统、海路屯兵系统、烽传系统、驿传系统、军需屯田系统六个方面，对整个明长城军事防御体系做了进一步补充，并对辽东镇进行深入的考察与梳理。中国军事史编写组在《中国军事史 · 兵垒》中根据历代的文献，整合考古发现的资料，系统地总结了长城历代兵垒发展的特征和演变。还有许多学者研究长城军事聚落，例如李严在《明长城"九边"重镇军事防御性聚落研究》中深入探讨了明长城军事聚落的时空分布规律、防御性特征、层次与规模、系统内部构成因素等。李严、张玉坤在《明长城军堡与明清村堡的比较研究》中从建筑学视角研究明长城的军事聚落堡寨。倪晶在《明宣府镇长城军事堡寨聚落研究》中对军事聚落进行了比较深入的研究。张曦沐在《明长城居庸关研究》中阐述了居庸关关城的整体布局和建筑细部的特点。刘珊珊在《明长城居庸关防区军事聚落防御性研究》中详细分析了居庸关长城的建设背景，包括长城的地理特征和修建特征，对居庸关的防御体系做了进一步研究，重点分析了军事聚落的历史、分布情况以及空间布置。李松洋在其《明长城居庸关防区研究》一文中分析了居庸关军事聚落组成以及布局特征，并对居庸关长城工事建设特征和防区的联防做了深入的研究。以上丰富的研究成果，为本书梳理明长城居庸关防区的军事制度、地理特征、背景原因等方面奠定了坚实基础。

长城防御体系是个复杂的系统，包括军事防御设施系统和长城防御工程体系两大方面。明长城军事防御体系是由明长城与烽火台、驿站、哨所、关口和沿边的军事聚落等组成的，它们共同形成了具有严密的层次性、整体性和系统性的军事防御体系。李严在《明长城“九边”重镇军事防御性聚落研究》中指出，长城防御功能的实现有赖于长城周围的大量屯兵城，也可以称为长城军堡的战斗力量储备。例如，明长城沿线的耕战结合的军防城堡，是明长城防御系统的重要组成要素。“堡”是中国北方广泛存在的一种聚居形式，建筑形态为用土围子围起来的村落，集防御与居住功能于一体。“堡”的另外一种解释为“堡垒”，是指土石筑的小城，现泛指军事上的防御建筑。“城堡”也称为关城，《汉语大词典》中解释为关塞上的城堡，《中国历史大辞典》中解释为在重要隘口、要道所建的防御性城堡。明长城军事聚落具有层次性，层级依次为镇城、路城、卫城、所城、堡城和关隘、烽燧等。防御系统大致可以分为五个系统：第一是陆路屯兵系统，屯兵城分为不同等级，军队的驻军数量也有所不同，大则有镇城、路城、卫城，小则有所城、堡城、关城；第二是海路屯兵系统，是沿着海岸线附近建立的海防城，也分为卫、所、堡等不同等级；第三是烽传系统，是指通过燃烟火传递军事信息的烽火燧台；第四是驿传系统，是指沿着长城建立的军事交通驿路，如往来官员和递送公文等人员的暂住、换马，以及军事物质运送等的驿路城、递运所、驿站；第五是军需屯田系统，指为了保障军事防御人员的衣食、兵备来源而设置的屯田、冶炼和贸易市场等，其主要作用是防御，其次是生产和贸易功能。各系统之间分工合作，对于边防地区的土地利用、军民生活的安定、边防重镇的防御等起重要的作用。明长城等防御工程体系由关城、城墙、墙台、敌台、烟墩、营、寨和城堡等组成。关城多设置在长城的重要位置，是长城沿线的重要驻兵据点，也是出入长城的通道，建筑砌拱门，上筑城楼和箭楼，重要的关城还建有瓮城、角楼、翼城和水关。城墙是长城的主体工程，墙体的材料和构造根据地形地势、取材难易而定，一般采用砖墙、石墙、夯土墙、铲山墙、山险墙、木柞墙等。城墙顶面外砌垛口，内设有女儿墙，也有都是垛口的。例如，军事地位重要的慕田峪长城，垛口开瞭望孔和射孔，并设有排水沟和出水口，同时墙身还设有暗道。楼跨城墙而建，高出城墙，开设拱门和箭窗，分为二层或三层，内部可供守城的将士居住，并可储备武器，顶部设有垛口供瞭望。烽火台设置有四种：沿边墩台、腹外接火墩台、腹里接火墩台、夹道墩台。烽火台材料和构造一般与长城城墙一致。“堠”是墩台的一种类型，与烽燧配合用于侦察敌情。城堡一般建于地势平缓，方便屯垦的地方，根据等级分为卫城、守御千户所城和城堡。

5.3.1.2 怀来县坊口村长城历史概况

明长城东起山海关，西到嘉峪关，分为内长城和外长城。向北为外长城：由延庆四海镇到白河堡附近进入河北赤城县的独石口，沿西北到张家口、大同，到偏头关，最后至嘉峪关。向西是内长城：经过居庸关（八达岭），进入怀来，入门头沟，从灵山出北京进入河北涿鹿至涞源到河北易县的紫荆关，再到山西雁门关、宁武关和偏头关，在偏头关的东边白羊岭上和外长城汇合。内长城又分内三关和外三关，内三关包括倒马关、紫荆关、居庸关；外三关包括偏关（偏头关）、宁武关、雁门关。怀来县域内长城属于居庸关防区。

居庸关防区内有镇城 1 座，即居庸关城；路城 2 座，横岭城和镇边城；卫所城 3 座，白羊城、八达岭和长峪城；堡城若干座，如上关城、岔道城、土木堡等；防区内更多的为比堡城更低一级的隘口，大多仅有“正城一道，水门一孔”。居庸关防区各军事聚落的修建历史过程主要集中于三个阶段，前两个阶段将关城、关隘全部兴建，后一个阶段未新建关隘。第一阶段：洪武至宣德年间（1368—1435 年），尤其洪武与永乐两朝曾于居庸关防区内进行第一次大规模修建。第二阶段：正统至嘉靖年间（1436—1566 年），此为居庸关防区内聚落、关隘的数量与规模剧增的又一历史阶段，其中又以嘉靖年间发展最快，比永乐年间更盛。前两个阶段在永乐至嘉靖年间，新建关城、关隘较少，防御工事多以修缮、增修城池为主。第三阶段：隆庆万历年间（1567—1573 年），主要以增修长城和修建空心敌台为主，至此明长城居庸关防区内包括长城、关城、关隘、敌台等全部军事防御工程修建完成。聚落关隘在沿时间纵向发展的同时，在地理空间横向分布上分为 5 路（东路、西路、南路、北路、中路镇边城下隘口）分路设防。明嘉靖中期居庸关防区军事聚落层级体系示意图如图 5-1 所示。

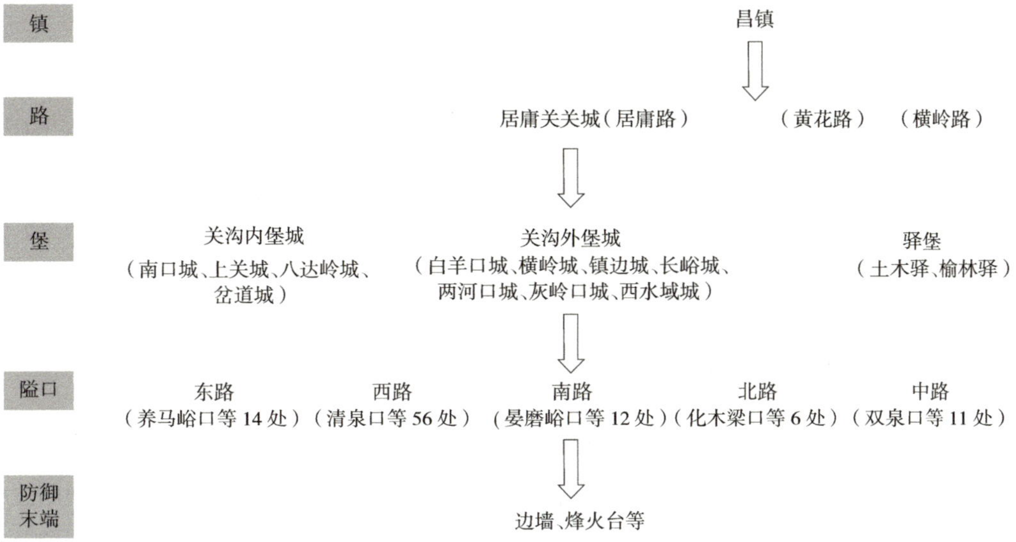

图 5-1 《西关志》记述的明嘉靖中期居庸关防区军事聚落层级体系示意图

居庸关防区的西路战略要地为白羊城、镇边城、横岭城、长峪城，有横岭下黄石崖、火石岭、寺儿梁等 14 个隘口，建于永乐年间。白羊城与长峪城居内，下辖隘口内口与外口兼具；横岭城与镇边城外接怀来，下辖隘口多为外口，其中横岭城所辖隘口均为外口。坊口村所处位置在火石岭口附近，属于长城隘口的外口，地理位置冲要，是整个防区的前哨地带。外口离长城最近，与长城共同构筑为居庸关防区的第一道防线，是阻挡敌骑冲突的屏障。据华夏子《明长城考实》文中记载，怀来境内长城共有砖石结构空心敌楼 156 座，其中较好的 3 座，圮残极重的 17 座，被毁仅存基础的 136 座。居庸关实景照片如图 5-2 所示。

图 5-2　居庸关实景照片

现位于河北怀来县瑞云观乡坊口村以北 1 千米的踞虎关长城，隶属于明长城横岭路段，是居庸关往西的一道关口，敌楼为上砖下石结构，门洞宽 2 米，高 3 米，关已经被毁。踞虎关这段长城建于明代，古称火石岭口，隶属横岭路管辖。明初未建长城之时，北京城以北较为险要的山口均已设置隘口，修筑墩台，由官军守护，以便限隔内外。据说在坊口村一农家存有一块匾额，上刻三个残缺不全的字，疑为“踞虎关”，故有人称之为“踞虎关长城”。但有学者广查资料，并未发现有关踞虎关的记载，因此此地是否叫踞虎关尚有争议。

5.3.2 明长城自然地理特征

“因地形，用险制塞”是长城和长城军事聚落选址与建设的基本原则，地理因素对于战争态势至关重要，明代长城的砌筑常常利用自然地貌优势体现军事战略思想。沿山脊而建的长城有着高度的优势，具有易守难攻的战略特征，同时还能为军队提供隐蔽、埋伏、休憩场所，是天然的防御屏障。

居庸关防区地处山区和平原的交界，是中原地区面向塞外的主要交流通道，呈环抱京师的形态，可以说居庸关防区是依托太行山脉存在的防御组团。居庸关长城是蓟镇、宣府镇、大同三镇兵防调动的重要出入口，北京的西大门。《明史纪事本末》中记载明成祖朱棣曾说：“居庸险隘，北平之咽喉，我得此，可无北顾忧……”朱棣在永乐八年（1410 年）二月初十第一次亲征漠北，率领 50 万大军从北京德胜门出发，全军过居庸关后，经怀来、宣府（今河北宣化）、宣平（今河北怀安东）等地，于二十五日到达兴和，走的便是居庸陉。由此可见，居庸陉自古就是蒙古高原通往华北平原最近、最直接的道路。居庸关防御体系是由五大关城，108 座卫城，及众多敌台、烽火台等不同等级、不同形式和不同功能的建筑所组成的。在地理优势和防御工事的严密防守下，居庸关成为京师之锁钥。在“土木堡之变”中，瓦剌部也先领三万之众猛攻居庸关七日无果而退兵，可见此关的坚固与重要的军事防御地位。

居庸关长城是指居庸关防区范围内所管辖的长城段，主要分布在北京延庆区和河北张家口怀来县两个区县内。徐红年在中国长城网上的一篇文章中明确了居庸关长城的范围：“居庸关长城是指从山海关到嘉峪关经过居庸关地区内的长城。这段长城建于明代，分为两路：北路从川草花顶起向西经石佛寺、青龙桥、八达岭、石峡到软枣顶，有边城 20.25 千米，附墙台 14 座，空心敌台 68 座；西路从软枣顶往西，经横岭、石板冲，至今怀来县镇边城西的挂枝庵，有边城 41.5 千米，敌台 102 座，附墙台 12 座。”

怀来县属于燕山山地，燕山支脉向西北和西南两个方向延伸。怀来县处于内长城外侧的居庸关，县境南北群山起伏，两山夹一川形成自然盆地，官厅水库位于中部的河谷平川之中。由官厅水库劈山而出的永定河水沿着深沟峡谷，流向京郊形成了幽州峡谷地带。怀来县平均海拔 792 米，最低点在幽州村河谷地带，海拔 394 米；最高点为水口山大黑峰，海拔 1 977.6 米。怀来县地貌形态主要有河川平原、丘陵和山地等。燕山的支脉军都山分布在怀来县境南部，构成南部山地，因此大部分居庸关长城便建在了怀来县境内的东南部山地上。其地理位置历来为兵家所重视，今天也是连接北京与西部边陲的重要通道。

5.4　坊口村与自然景观环境

5.4.1　坊口村自然与生态概述

5.4.1.1　坊口村地理位置

怀来县的中心位置约在东经 115°，北纬 40°。怀来县的总面积为 180 100 公顷，河川平原面积 60 200 公顷，占总面积的 33.4%；丘陵面积 45 000 公顷，占总面积的 25%；山地面积 74 900 公顷，占总面积的 41.6%。

坊口村地处河北省张家口市怀来县东南部，现有村民 166 户，人口 369 人，村域面积 80 公顷。坊口村和北京市昌平区接界，在自然地理位置上是军都山西段（燕山西段）、太行山交汇之地，位于京西北明长城南侧，因此这里是历代长城边关当中的战略要地。坊口村地理位置如图 5-3 所示。周边交通便利，紧邻贯穿南北的东镇公路，向北接京藏高速东花园出口，京包线东花园车站；向南与 109 国道相连通往门头沟方向；向东接延康公路东花园出口至延庆方向；向西接康祁公路东花园口至蔚县方向。据调研，坊口村选址背山面水、负阴抱阳、两翼合抱、堂前曲水、山脉相连，是极佳的村落选址。

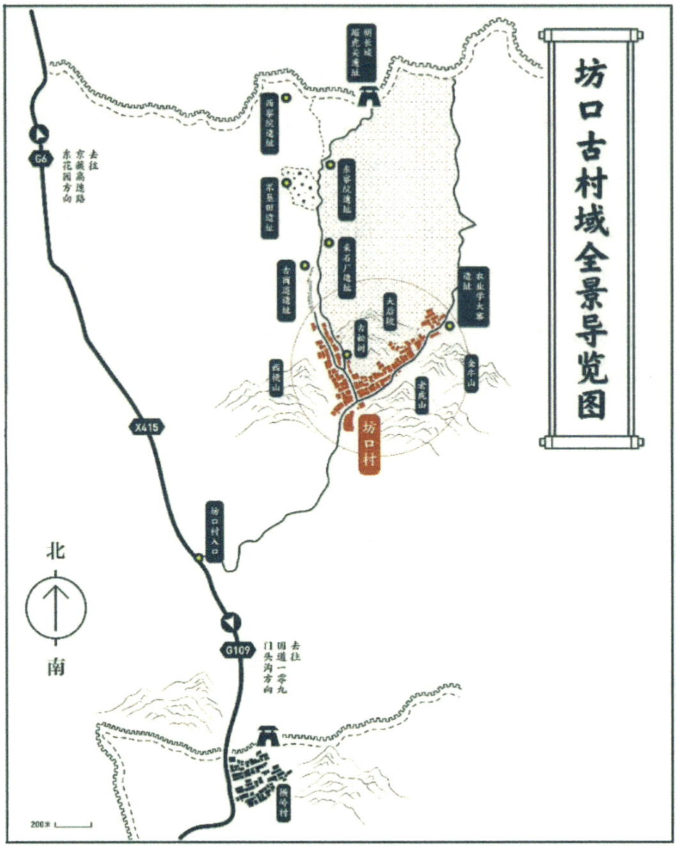

图 5-3　坊口村地理位置

5.4.1.2　坊口村气候特征

坊口村属温带大陆性季风气候，因地处山区，山地气候比较明显。怀来县包含坊口村的山区最冷月 1 月的平均气温为-10 ℃至-14.6 ℃，比怀来县城和北京市山前平原冷一些；最热月 7 月的平均气温比北京市区低 4.5 ℃，夏季气候凉爽宜人。坊口村冬春以西北风为主，西沟山谷风尤为寒冷；夏季多东南风，气候宜人。

5.4.1.3　坊口村地形地貌

坊口村周围主体为太古界桑干群地层。地质构造属西北向断裂，地处坊口—坊安峪断裂带，走向 NW55°，全长 4 千米。为剥蚀构造地貌，山脉虽海拔较低，但峰陡谷深。坊口村地形地貌如图 5-4 所示。

图 5-4　坊口村地形地貌

坊口村周边有四座主要的山体：一是牛金山，根据《怀来县志》记载，位于坊口村北与大山口乡交界处，海拔 1 288 米，山坡生有稀疏杂草，山上有内长城跨越；二是老虎山，位于坊安峪村西，海拔 1 145 米，山坡生长有少量杂草；三是东鸡冠山；四是西桃山，其名具有富裕的意思。还有两条河沟，为东沟大泉和西沟，其中西沟是长城下水汇聚之处，现两条河沟均已干枯。

5.4.2　坊口村生态资源优势以及生态旅游开发

怀来县历史悠久，生态和文化旅游资源丰富，其历史资源具有显著的优势。境内有战国时期的燕长城，北魏时期的天皇山石窟，中国重点文物保护单位鸡鸣驿古城，明代“庙港样边”长城，纪念“土木堡之变”阵亡将士的显忠祠，董存瑞纪念馆，新保安战役遗址，国家 4A 级景区黄龙山庄等。其中，燕长城、明长城、鸡鸣驿古城、镇边城等被列为省级重点文物保护单位。怀来县境内有永定河、桑干河、洋河、妫水河 4 条过境河流，均属海河水系，汇入官厅水库。怀来县的旅游节日一年共有 12 个，涵盖了乡村旅游、生态旅游、红色旅游、民俗风情、健康养生等多个方面。坊口村长城历史文化，是当代历史文化开发再利用不可忽视的内容，营建长城军事文化公园应充分利用区内环境优势、文化优势、旅游资源优势、生态产业优势，将这些资源相结合、相促进。

5.5 坊口村公众生活景观环境

5.5.1 坊口村民风民俗

景观与人关系密切，一个地区特有的环境空间孕育了其独特的生产生活形态。怀来县坊口村的民风民俗是研究该区域景观环境风格的重要参考依据。在衣、食、住、行、乐中，怀来县虽为民族交融之地，但仍以汉服为主；怀来小吃品类繁多，当地的饮食与服饰与京西山地农村大体一致，也存在一些当地的特色饮食，如玉米面凉粉、玉米饼、炸年糕、黏团子、玉米摊花、盐卤点豆腐、驴打滚等；坊口村民居建筑多顺应地势坐北朝南，北向不开窗，受合院式建筑影响深远；村内有古商道遗址一处、民国时期商店四处，村北一条大沟径通关外，北行 15 千米许可直达南北山夹峙的怀来盆地，即今官厅水库所在区域；关于“乐”方面则包括了戏剧、灯会、蹦蹦戏、秧歌等多种文化艺术形式。

明代对于军堡中的戏台少有记载，戏台是现代堡内重要的娱乐场所。古代的戏台多建在庙的正对面，而现存军事聚落中戏台的位置灵活，有的建在主路的正面，有的建在路口，有的与庙一起设在城内。现存军堡内过半都有戏台，有的与邻堡共用一戏台。戏台的真正价值和作用深入人们的内心和传统意识形态之中，这种精神需求至今依然起着重要的作用，许多堡中已无人居住，辟为耕地，但庙宇、戏台仍在，虽然建筑简陋，但庙祠的规模和装饰并不重要，许多庙宇依旧香火不断。当军堡、村堡的物质防御功能逐渐消失，其所蕴含的庇护、保卫等精神防御功能，以庙宇、戏台等为载体，一直传承至今，并将继续传承下去。坊口村自明代以来主要信仰为佛、道、儒，村内原有菩萨庙、真武庙、龙王庙。菩萨庙坐落在村东北山坳处，在当地老乡记忆中为庵洼，有可能在很早以前是尼姑庵庙，但只是猜测没有佐证，现实中有一间庙宇供奉文殊菩萨，现存明代石佛一尊，高 1.2 米，宽 0.6 米，庙宇在“文化大革命”时拆除。庙内供奉四尊佛像，大佛像为菩萨，菩萨前面是石佛像，两侧为童男童女。庙旁长有一棵树龄六百年左右的大松树，壁画为菩萨点化众生。 真武庙坐落于坊口村南的村口处，是由戏楼、山门、钟楼、正殿、东西厢房组成的建筑组群，总占地面积为 400~500 平方米。真武庙供奉的是真武大帝、财神和马王神，真武大帝是北方的神，主政北方的刀兵、水火，在宋明时期危险主要来自北方，主要指匈奴、瓦剌的入侵，因此在坊口修筑真武庙具有历史意义和现实意义。龙王庙（已无遗址）在坊口村东北的一个台地上，庙宇为一间，里面供奉着龙王爷等神像，壁画为风神水神雨神雷神电神，主要为祈雨保丰收建造。

坊口村主要的民俗活动如下。

春节：贴春联、点灯花、拜年，“供祖宗”，“送亡书”，“初一初二吃好的，初三初四请老的”，亲人团聚。

二月二龙抬头：拜龙神 。

清明节：回家上坟，是继春节之后第二次回家团聚的节日。上坟祭祖烧纸、挂钱，是人丁兴旺的标志之一。

中秋节：天上月儿圆，地上人团圆，亲人团聚，互送月饼。

小年：腊月二十三，送灶王爷升天。

除夕：大年三十，除夕守岁，用高粱米、红小豆、小米等制成金年饭，用玉米面、小米面、糯米面等制成黏团子等。

婚丧嫁娶礼仪如下。

份子账：京西参加婚礼称“出份子”，记“喜礼”；参加丧礼称“上供”，记“奠礼”，并讲究“五服”之内动家眷。为孩子做满月，为老人祝寿亦要记账等。

点灯花：重大节日、礼仪时使用。灯花，相传为清净之物，能除凶解净，祓除不祥。点灯花就是将棉纸做成的直径二三厘米的数十个甚至上百个灯盏状的纸穗，放在碗里或盘里，蘸上油料，然后用筷子夹出点燃，放于门礅、石条、窗台、墙角、水道眼、厨房、门旮旯和院落四周的一种民间活动。

元宵节也称灯节。清代至民国年间，在怀来县城乡民间中有挂花灯、筑灯山楼、游九曲黄河灯之传统。中华人民共和国成立以后，只有挂花灯这一形式延续了下来，之后又增添了灯谜这一项活动。所谓灯谜，是将各种样式的花灯悬挂在游艺大厅之中，厅内四面墙壁挂有谜语，猜谜获胜者予以鼓励奖。

蹦蹦戏亦称二人转，二百多年前流行在东北三省和内蒙古地区。光绪十七年（1891 年），东北蹦蹦艺人从锦州将这一演出形式带到关内。冀东莲花落艺人吸收了蹦蹦的唱腔，并借鉴河北梆子的打击乐器和板式，将蹦蹦从说唱歌舞形式演变成戏曲形式。戏曲内容以山村习俗、轶闻趣事为主。民国二十四年（1935 年），程玉富聘请了唱蹦蹦戏的教师到镇边城传授技艺，取名为“荣华和班”，从此蹦蹦戏流入怀来县。怀来县演出蹦蹦戏的村庄有镇边城、坊口、坊安峪、小七营、板达峪五个村，剧目有《马寡妇开店》《老妈开唠》《小姑贤》《井台会》《夜宿花亭》等三十多出。

怀来秧歌是当地人民喜闻乐见的一种民间艺术形式，《中国大百科全书·戏曲、曲艺卷》中写道："怀来秧歌，形成于清代中叶，地点河北怀来，所唱腔调为民歌小调，流布地区河北怀来。"

怀来社火：清代至民国年间，怀来县较大的村镇都要成立三官社。三官社里由社头负责组织元宵节的社火活动。各地集中时间不一，新保安腊月十五，沙城正月初五，大黄庄正月初八。

5.5.2 坊口村民居生活环境现状

不同的生产与生活活动会形成不同的景观形态。建筑师刘域领导其团队对坊口村进行改造后，逐渐形成现在充满浓郁长城文化、怀来民俗文化的氛围，其中坊口村旁现存的明长城遗址踞虎关长城成为最重要的观光文化景观。村落的改建丰富了居民生活，同时创建了许多文化与公益活动：有以少儿为主导的徒步学长城文化的活动；有以春季热启动、夏季大联欢、秋季庆丰收、冬季暖回顾为主题的"四季村晚"活动，推动"村晚"活动常态化，充分发挥村民的智慧和力量，调动群众参与文化活动的积极性，满足村民群众的精神文化需求。同时企事业单位也积极参与文化建设活动，如在坊口村举办以"老人公益食堂"等为主题的文化慈善活动，为村内 80 岁以上的老人提供每日两次免费用餐服务。坊口村村内文化与公益活动如图 5-5 所示。

图 5-5 坊口村村内文化与公益活动

坊口村内有一座老戏台，如图 5-6 所示，从 19 世纪 50 年代初，坊口村开始唱蹦蹦戏，到 1979 年停演，戏台逐渐被废弃，此后 30 年都没有演出过。随着静西谷民宿的建立，建设单位在 2019 年对戏台进行了全面的修缮，古戏台又被重新利用起来，并焕发了全新的活力。蹦蹦戏是一种流行于北京、天津、河北和东北地区等，有着广泛群众基础的传统戏曲艺术。怀来蹦蹦戏由当初镇边城、坊口、坊安峪、小七营、板达峪五个村传唱演出，现在这五个村均有演唱艺人。

图 5-6　坊口村老戏台

景观与环境文化的营造能增强人们的幸福感和安全感，打造舒适的居民生活环境不仅需要景观环境的建设，还需要进行科学与艺术相融合的体系化研究。因此，要实现长城脚下宜居的美好愿景，应强调让长城文化融入自然的生态价值观和绿色理念，使坊口村逐渐形成文化、绿色的景观风貌。

5.6　坊口村景观环境的美学与认知

19 世纪奥地利规划师卡米诺·希特（Camillo Sitte）在《城市建设艺术》中指出环境在视觉艺术上应考虑人的尺度、环境的尺度，注重整体性和一体化的有机结合。坊口村景观环境的美学建设在尺度等原则的基础上，从空间主色调、美化街道、景观节点、系统导视等方面提出审美营造，实现“创造长城景观、陶冶心灵、体验现代田园生活的宜人氛围”。坊口村村内自然景观资源较丰富，生态环境保护也较好，历史风貌景观也展现得较为全面。景观和建筑（如图 5-7 所示）采用乡村现代模式，对坊口村的整体建筑和景观风貌进行了审美管控和引导，提升了坊口村的审美形象和生活品质。

图 5-7 坊口村长城活动广场

整治和改造后的坊口村，诗意空间美和结构美与长城的环境性格具有协调统一性。坊口村的建设单位围绕长城，修建了观景栈道、徒步观光道路、健身步道等，突出坊口村与长城的线性观景体验，如图 5-8 所示。气势磅礴、宏伟壮丽的长城景观不在于细部的精雕细琢和遗迹的完整性，而在于整体的神韵气势，是天然阵地与人工改造的巧妙结合。坊口村的景观地理格局基本保持不变，审美感知与艺术表达内容以长城文化、历史文化、民俗文化为主，近几年也有电影文化、绘画等现代艺术融入坊口村，承载了越来越多的景观与艺术的内容。

图 5-8 坊口村长城观景栈道与长城景观

5.7　坊口村军事防御背景下的景观空间特征

村落是较早出现的聚落单位，源于人类聚居活动，是人与大地之间关系的体现。村民的生活方式、村落的景观空间特征、社会结构特征等构成了村落的形态要素。坊口村村落景观空间是长城历史文化与村民日常活动的载体，因地理环境不同，坊口村也展示了其独特的景观空间特征。通过对坊口村的实地考察，基于街巷、建筑和公共空间分析其景观空间特征，为长城军事文化公园建设提供设计依据。

李严在《明长城“九边”重镇军事防御性聚落研究》一文中详细阐释了军堡与里坊制。在建筑学层面，坊制聚落的形态格局大多数是由方格网道路划分组成的，每一方格为一里，里四周环以墙垣，里中有一条直通的主路将里坊分成左右两部分，路的两侧有与路垂直的支巷，将整个里坊划分成几个均等的居住单元。并且主路两端有里门与里外道路相通，宅院则沿支巷排列布置，坊有坊门。在对土地的管理上，明朝采用屯田制，有军屯、民屯和商屯。在屯田方式上，内地一般“三分守城，七分屯种”，边地则“有事用兵以战，无事用兵以耕”，在战争发生期通常“以三人耕，供七人之食。”在明代中后期，边地民屯屯丁往往因战事之需勾补为军，使民屯与军屯合二为一。根据《明会典》记载，军事建制对军户的管理不仅针对军士一人，还包括其家属，也可以说家属随军驻守边塞，是形成军事聚落的前提条件。军堡与村堡从现存的遗迹上很难区分，其建筑特征随着历代的发展逐渐被破坏，现在许多的军堡为村民所居住。军堡是官方行为，通常是全国或某一行政区的统一规划，清代以前的村堡通常由民间自发建设，是村民躲避战争的居住地。

5.7.1　村落整体布局

地理形态在一定程度上决定了村落的基本形态，山中村落通常受到地形条件的制约，由自然要素和人工要素组成并相互影响。因此，村落的整体布局具有地域性特征。如图 5-9 所示，坊口村以山体、道路、河沟等为边界，以围绕在村落周边的山体为隐性边界，这些边界同时也对坊口村起到了天然的屏障作用。坊口村沿山体走向而建，四座主山之间由两条主路贯穿整个村落。主路分别往西北和东南方向发展，在此基础上发展出村落小巷，形成网状结构，串联村中的各个功能单元，有着清晰、主次分明的村落空间特征。两条主路的交会处不仅是公共交通重要之处，也是该村的中心区域，是村民举办公共活动、邻里交往的重要空间。宅院大多位于主路的西面，临山，布局紧凑，大多建筑整体呈方形合院布局，因山地高差而形成了高低错落的整体布局关系，使得村落更具有层次美，人工环境与自然环境融为一体，呈现出丰富的村落景观空间。

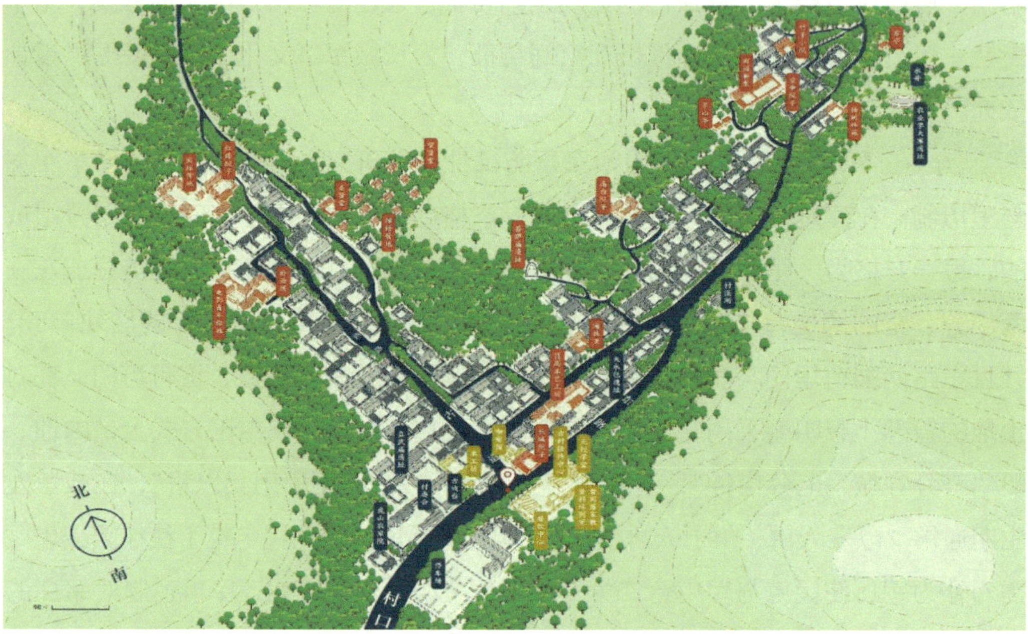

图 5-9　坊口村村落总平面布局图

5.7.2　村落景观空间要素

5.7.2.1　街巷

街巷是村落里连接各个建筑院落、节点的线性空间，不仅具有引导作用，同时还体现了村落的空间结构特征。街巷空间的结构根据其形状可以分为不同类型，例如坊口村呈网格形布局、十字形布局等，通过线性空间串联村落内的各个宅院，围墙可隔绝大多数宅院的内部空间，使其院落能保持相对的私密性。主街控制着村落的整体布局走向，同时也体现其街道的风貌特色和宅院的组合方式。村落的建设单位在主街上设置了许多供人休憩、交流的小场所，例如条石的休息坐凳、主路上的候车亭等，还设有许多具有引导性的标识牌等，如图 5-10 所示。这些元素不仅体现了古朴的街巷风貌，更为村民进行交流营造了重要场所，承载了村内的重要活动和村民日常活动。两条主路保留了原来的水泥和沥青路面，避免下雨天街巷泥泞影响交通。墙面材料均和院落空间保持一致，砖和石材相结合的质朴构造也体现了村落自然发展的特征。

图 5-10　坊口村街巷

5.7.2.2　公共空间

村落的公共空间通常指的是村民和游客进行日常交往和参与社会活动的场所，也是村民寄托精神的场地，展示了村落的社会文化特征。随着村落近几年的发展和建设，公共设施也变得更为完善和丰富，如图 5-11 所示，长城广场、休闲平台、美术馆、戏台、公益活动中心等，这些公共空间形态丰富、类型各异，具有较高的亲和力和认同感，同时具备了自然景观、建筑景观和人文景观。上文提到，坊口村四面环山，其位于山脚下较为平坦之地，公共空间的改建基本保持原有格局，拥有质朴的自然景观和建筑景观风格，可展现该村独有的长城文化和民俗文化。

图 5-11　坊口村公共空间

5.7.2.3 建筑

建筑是村落的主体，对村落景观风貌有着较大的影响作用，不仅反映了当地历史文化与人们的生活方式，同时也是体现地域特性的关键，坊口村村落建筑以住宅建筑、公共建筑为主。坊口村大多数建筑为一进合院式住宅，以院落为中心，由多栋单体建筑组成。如图 5-12 所示，改造后的合院式住宅以“院”为基本构成单元，四周围合的建筑门窗一般均朝内向院落开，大面积的落地玻璃也让院落成为核心的空间，形成“内向聚合”的居住形态。院落不仅供人们居住，同时还具有晒粮食、种植果蔬、存储物件等生产功能。

图 5-12 坊口村改造后的合院式建筑风貌

当地自然环境的“生土建筑”成为绿色建筑发展的一个方向，由于坊口村地处较为偏远的地区，交通不便，民居的建筑风格过去几十年来没有受到现代化村落建筑的影响，是很好的地域性建筑实例。随着人口的流失，有些住宅长期废弃破旧不堪。建筑设计师刘域领导其团队对村落建筑进行了改建，将长城文化、民宿文化和美学理念注入村落，使其焕发出新的活力。村落建筑通常强调与自然地形和道路相融合，建筑材料多以砖木结构为主，局部采用石材装饰。如图 5-13 所示，村落设计单位在原有的圆形建筑基础上，将其改造为村落的“水包美术馆”。美术馆内会不定期展出美术作品，同时其也是公益活动场所，通过拍卖作品来为村落的“公益食堂”“公益村晚”等活动筹集资金，让村落焕发新活力，丰富村民的精神文化内涵。

图 5-13　坊口村改造后的建筑风貌

面对空心村日渐增多、传统村落风貌不断遭到破坏等问题，深入研究村落的历史和风貌特征，进行一定的建筑、景观等空间修复和环境治理，让乡村焕发活力，有着重要的社会意义。随着时代的变迁，依长城而建的村落将回归最基本的村落功能。研究其独特的军事防御体系和军事文化，梳理该类型的村落布局、街巷、公共空间、建筑等方面的风貌特征，对长城军事文化公园的建设有着重要的指导意义。

第 6 章　坊口村长城军事文化公园叙事性的设计策略

6.1　坊口村长城军事文化公园设计问题与设计思路

具有一定知名度的如八达岭长城、居庸关长城等已成为热门旅游景点，而如何丰富其旅游体验的多样性，以激活更多散落在民间的已荒废的长城的功能，是本书所关注的重点。本书是在“叙事性长城公园设计”概念下的景观研究，结合前面各章节所论述的内容，选择坊口村作为实证对象，将长城的历史作用、故事等文化信息与公园设计有效结合。坊口村作为临近长城的村落，能起到宣传长城文化以及保护长城文化的作用，同时公园的建设能在一定程度上带动当地的旅游发展，提升经济效益。叙事景观具有引导空间、鲜明的情节化场景、独特的叙事体验、丰富的故事情节。因此，在长城公园叙事景观设计中，重点应注重军事文化叙事的呈现，同时也应具有综合公园的游憩、休闲等功能。景观设计应从叙事视角思考景观的内涵和形式，将长城聚落的村民生活、长城文化的体验、长城周边的生态环境、听觉与视觉等因素统一考虑，实现叙事性的整体呈现。

就叙事景观艺术而言，作为“叙事”，长城军事文化公园实际上倾向于线性；作为“互动”，它又在一定情况下倾向于非线性。与此同时，参观者被允许阐释与吸收个人喜欢的景观，但对呈现于眼前的事实没有选择或控制的余地。长城军事文化公园的作品在一定条件下要求：开放性、扩展性、结局非必要、强调控制与选择，通过观众的行动产生意义，强调过程中的情感注入，时间由观众决定，某个特定的情况下空间是移动的、远程的、不确定的。对于具有“扩展性”的科普公园而言，在体验式的长城文化宣传中，不是由设计师决定时间维度，而是取决于观众在作品中花费的时间。在空间中，观众可自行决定想探索、想观看的地方，不被某种框架或现实面所限制，而是自由地移动与观看。借助数字媒体，观众将跨越真实与虚拟、时间与空间。长城文化公园的叙事遵循观众的行为意愿，由观众控制与选择故事的走向与意义，通过持续性的行动参与、情感注入，来决定某个叙事故事的结局。

基于前文对叙事理论的探讨和长城文化的梳理，确定了长城军事文化公园的设计研究方法。以坊口村长城军事文化公园设计为例，通过研究坊口村村域的长城文化与历史景观环境、自然环境、公众生活环境、美学与认知，立足叙事设计理论，分别从叙事元素、叙事主题、叙事线索、叙事感知体验、叙事的多维重构等方面，进一步对叙事理论研究结论进行实证分析和讨论，最终形成坊口村长城军事文化公园景观整体设计方案，充分展示长城文化，传承长城的记忆文脉。景观对于当地居民以及游客有着审美、文化、生态、历史和社会经济等多种意义，是人与自然和谐统一的高度追求。在设计中，不能单独以“叙事理论”来认识景观环境，需要进一步结合坊口村的长城历史文化、生活、美学等方面进行具体的研究和分析。应充分利用好长城历史文化的独特区位优势，在长城军事文化公园景观设计中营建景点的同时，还应考虑村落建设中景点之间的关联，借助区位各景点之间的联动作用，实现全面科普长城文化知识和开发再利用。

6.2　叙事性长城军事文化公园景观设计的思想

6.2.1　长城军事文化公园设计指导原则

6.2.1.1　忠于历史原则

1964 年《威尼斯宪章》提出：“历史文物的概念，不仅包含个别的建筑作品，而且包含能够见证某种文明，某种有意义的发展或某种历史事件的城市或乡村环境。”从此，真实性和完整性成了现代建筑遗产保护理论的核心。1994 年奈良会议上的《关于真实性的奈良文件》在一系列地区会议上被讨论，《克拉科夫宪章》中指出“真实性”是实在的，是从原初到现在的过程中历史特征的总和，是不断变化的结果。因此，坊口村长城军事文化公园建设要立足于忠于历史的原则，不能盲目追求新的设计理念，完全脱离历史的真实性，而是保护原有的真实历史风貌，深入了解长城的功能、建设过程、战事等历史信息，做好长城的文脉传承。长城在发展的过程中，形成了自身的地域性，也有着每个历史阶段的特殊历史印记。长城公园的建设应充分发挥当代的长城功能，在原有风貌的基础上，通过与之协调的现代科技手段展示整个长城历史的文化性，同时也应展示具有个性的地域性文化，让后人能体验和学习长城及长城村落历史原貌。

6.2.1.2 可持续发展原则

保护长城的目的是持续发展与适当利用，因此在公园设计过程中，要贯彻“保护第一，开发第二”的原则，长城公园的选址应离长城遗迹有一定的距离，避免因开发建设或者管理不当而导致对长城的破坏。长城的保护与开发是一个长期的过程，涉及社会的各个方面。长城作为历史性文化遗产，其价值是不可再生的，在开发中必须处理好保护和开发的矛盾，实现长城旅游资源的永续利用和良性开发。设计长城公园时，不仅要宣传长城文化，而且要协调长城公园和村落的空间关系，为长城村落的居民创造有利的生活、休闲环境。同时景观设计与人类生活环境密切相关，推动场地设计过程中应减少对生态产生影响的相关设计。本书以坊口村长城军事文化公园设计为例，基于村环境和长城发展历史尺度，对长城进行保护和对长城周边进行改造，立足区域环境关注长城文化更长期的可持续发展。

6.2.1.3 科学性原则

以实际问题为研究目标，运用叙事设计思维将各学科知识纳入长城文化公园设计理论与实践中。在各学科交叉研究基础上，注重学科和知识之间的关联性，需要从涉及长城历史文化的各学科相关理论出发，例如叙事学、历史学、环境行为学、色彩学等学科，重新认识学科和界定学科界限，让学科之间相互借鉴，使得叙事设计更具有深度和广度。长城公园应注重景观效果与军事文化方面的融合转译，叙事建筑与景观形式的有效结合，使得公园实现区域环境和整体环境的融合。

6.2.1.4 功能性原则

基于人群活动要求出发，以历史为依托，把坊口村长城军事文化公园建设成具有民族史、长城军事文化史的综合教育基地，营造具有科普性及趣味性的长城文化故事题材的叙事性公园。由于长城具有丰富的历史、文化沉淀，优越的地理位置和自然景观资源，可发展成文化交流基地。同时作为综合性公园，应满足坊口村村民和游客的日常休憩等功能。各个叙事空间中的设施需符合人体工程学的特点和人的行为习惯，增加村民和游客的归属感和认同感。

6.2.1.5　经济性原则

坚持在保护好长城的前提下，拓宽旅游发展新空间，培养新产业、营造新布局，创造新优势，联动当地的经济、社会、生态环境共同发展。最大限度地发挥其在国民经济中的地位和作用，带动当地的其他关联产业，由此获得的经济效益可以促进坊口村长城旅游资源的保护，形成良性循环的发展模式。在长城军事文化公园建设过程中，注重和当地材料、技术等进行结合，有助于减少开支。

6.2.2　设计目标

从各项设计原则出发，设计应展现长城军事文化的故事性、长城军事文化的科普性、村落居民的环境提升、长城公园周边生态的修复等多重目标，提高公园的功能性和复合性，增强长城文化的保护性和游览性。其中叙事性公园将其涵盖的叙事主题、叙事编排、叙事感知体验有效地呈现出来，注重叙事景观的有效设计。具体应根据长城的保护范围及建控地带、长城保护办法、公园设计规范等相关建设要求，协同考虑叙事性长城文化展示手段、材料、色彩、光影等美学的综合目标进行开发与设计。

6.2.3　设计策略与设计理念

通过对坊口村长城的现场勘查、周边环境勘查以及基于 GIS 的空间信息整合与分析，厘清了坊口村的文化叙事元素、长城的整体空间布局、地形地貌特征等信息。在对长城和坊口村落信息进行较为完整、系统的梳理和解析后，从景观叙事的角度提出坊口村长城文化公园的设计方法和策略。

叙事性在本设计方案中，主要体现在对景观叙事理论、叙事载体进行充分考虑后，将公共服务功能引入其中，使得长城军事文化内容可以很好地得到展现。例如使用长城烽火台的元素来设计公共服务中心的建筑，是基于叙事审美形式，使用符号元素、色彩提取等方法来完成景观叙事载体的表达。另外还对长城村落的地域文化进行深度挖掘，对场地空间的体验功能进行有效传承，提升游客和村落居民的归属感以及认同感。在长城叙事场所中，坊口村是地域文化特色、长城场地记忆兼具的地方，因此故事叙述有着重要的意义。同时在叙事设计过程中，必须意识到公园是村落综合性公园，理应考虑公园的功能、生态作用等问题。

紧紧围绕长城军事文化与村落地域文化，塑造坊口村的新形象。同时营造多元化的休闲娱乐空间，吸引外地游客并丰富村庄居民的使用功能。最终形成以“蜿蜒曲折，长城佳境”为理念的公园设计。

6.2.4 设计依据（坊口村长城军事文化公园生态环境营建政策与法规）

（1）《公园设计规范》。

（2）《风景园林图例图示标准》。

（3）《海绵城市建设技术指南——低影响开发雨水系统构建（试行）》。

（4）北京市《第八批划定文保单位的保护范围及建控地带》。

（5）《河北省长城保护办法》。

（6）坊口村村落空间布局相关资料、图集。

根据北京市《第八批划定文保单位的保护范围及建控地带》中长城本体保护范围划定原则，保护范围及建设控制地带划定所依据的文物本体为城墙、支墙、挡马墙，以及城墙附属的敌台、马面、登城步道、暗门等。基本原则为长城墙体向外两侧以 500 米为参考数值。初步划定的保护范围如涉及经审定的规划建设用地如一般建设区应结合审定的规划予以适当调整，但保护范围在文物本体两侧不少于 100 米。综合《河北省长城保护办法》，坊口村长城军事文化公园最终选址位于距荒废的长城本体 500 米外处，同时在建设过程中采用因地制宜的方式，对公园选址范围内的山体、自然生态较佳的地方进行保留，在不破坏整体环境风貌的基础上，对景观不足的区域进行适宜性的改建。

6.3 叙事性长城军事文化公园景观设计的方法

6.3.1 叙事元素分析

6.3.1.1 坊口村叙事格局分析

据调研（调研结果如表 6-1 所示）与分析可知，明长城位于坊口村的北面，南面有官帽山，村东西各有一座马鞍山。主山（官帽山）与次山（马鞍山）形成主从关系，有着余脉婉转的完整山系。坊口村选址处于三山相交的地方，以便收集山上汇入村内的水源。山体尺度适中，远可观山和长城，近处可以爬山观景。村落山水环抱、两翼合抱，堂前曲水、山脉相连，有着明代传统山水格局的完整模式，是极佳的村落选址。

根据建筑设计师刘域团队提供的村落规划资料结合现场勘查可知，改造后的坊口村建筑有着现代、朴素、自然的风格，已经激活大部分失活的建筑空间，并设置美术馆、公益中心、戏台等文化空间，满足人们的物质、精神需求。融入了现代艺术，例如用电影拍摄取景等方式来吸引人流，为村落注入更多的就业机会与文化活力。村落已经塑造了浓郁的长城文化空间氛围和整体的山林意象，清代笪重光《画筌》中记载“山脉之通，按其水径，水道之达，理其山形”，对绘画中的山水做了界定，认为可以通过道路的设计来加强气势连贯的意象。因此，村落设有通往长城的木栈道和休息亭，人工的加建和长城村落建筑的原有风貌穿插组合在一起，形成了抽象长城美学精神，这些叙事元素拓展到长城文化公园的建设中，形成公园建设风格的主要依据。

坊口村的明长城沿山脊而建，呈“V”字形的长城形状随着山势连绵不断，山林植物蓊郁，有吞山怀谷的气势。长城作为叙事空间的关键点，在整体叙事空间格局中起到空间转承、衔接、限定等作用，让人们在长城遗址认知过程中对长城的整体空间信息产生联想与信息重构，在长城文化公园中起到限定历史空间的作用。长城是叙事景观的主要表现载体，而长城公园的历史意境则主要通过长城遗址、坊口村落的历史氛围、山林间的意境加以烘托。在长城公园的景观建设中，应考虑视域效果，在视觉较好的地方，设置能观山脉、长城、村落的位置，以达到整体的区域内借景、观景的视觉联动效果。让长城遗址、长城公园与长城村落共生共长，长城遗址文化被长城公园文化所吸纳，丰富其历史文化底蕴，同时要考虑长城的整体性、贯穿性与交互体验性，以便更有效地激活长城的精神文化价值。

表 6-1 现状基地调研

踞虎关长城	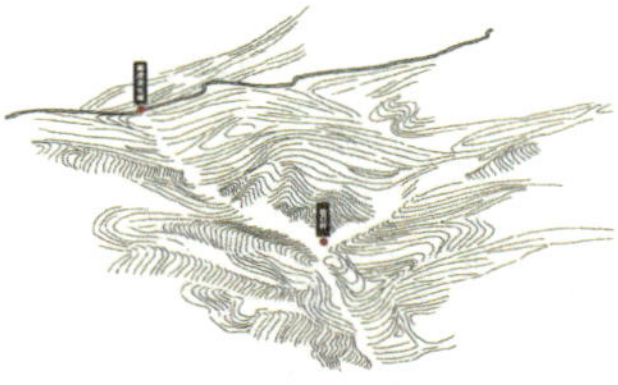 坊口村选址	 长城遗址 1	 长城遗址 2
坊口村	 村活动场所 1	 村活动场所 2	 坊口村民宿

6.3.1.2 坊口村叙事要素分析

长城附近的坊口村更新与再利用，承载着深厚的历史文化、审美等多重价值。村内具有地域性、时代性和历史性的叙事元素，同时也承载着长城的历史，是长城文化和长城村落文化的历史记忆的集合，也是文化认同的重要基础。坊口村叙事调研部分结果如表 6-2 所示。村内保留大量古迹遗存和建筑：明朝古松树两处、清末民初真武庙一处、明朝石观音像一尊、20 世纪 60 年代戏楼一处、古河道两处、荒废古井两处、古商道遗址一处、民国时期商店四处。在京西地区、坊口等两种文化交融的区域中，居民往往会和周边牧民实现商品交换，主要通过两种形式，一种为马绢互市，一种为茶马贸易，进而满足生活需要。民间艺术在京西地区较为淳朴，常见艺术包括蹦蹦戏、秧歌戏等，游牧文化深深融入艺术题材、唱腔以及表演形式当中。这些叙事元素有着自身的叙事性、历史性和文化性，但也成了整体叙事过程中的重要部分，丰富了村落文化传承的叙事要素，拓宽和加深了叙事主题的内涵，提高长城叙事文本的艺术感染力和秩序性。

通过有序的结构编排、场所空间、材料灯光等物质载体来传递坊口村长城文化公园叙事性设计，使得公园具有深度的艺术价值、审美价值，也让长城公园的文本叙事表达更为饱满。借助景观叙事性表达让长城文化公园更好地展现独特的场地特征，传递长城的文化内涵，提高长城文化遗址的精神价值，同时增加长城公园的可读性和游客体验感知的深度，拉近长城文化与人的距离。

表 6-2　坊口村叙事要素调研

古迹遗存	 古松		 明观音像
民俗活动	 灯谜	 点花灯	 怀来灯会
文学艺术	 蹦蹦戏	 怀来社火	 怀来秧歌
历史文脉	 真武帝庙	 戏楼	 古河道
	 坊口村马厩茶歇处	 荒废古井	 民国时期商店

6.3.1.3 坊口村明长城叙事要素分析

《河北通志·长城志》中提到，怀来县有 2 处长城区段：明长城大营盘至水头村、明长城董庄子至坊口段，这两处长城目前由怀来县博物馆管理。坊口村所处位置在居庸关防区火石岭口附近，属于长城隘口的外口，地理位置冲要，是整个防区的前哨地带。踞虎关长城位于河北省怀来县瑞云观乡的坊口村以北 1 千米，隶属明长城横岭路段，如图 6-1 所示，是居庸关往西的一道关口。据说，在坊口村一农家存有一块匾额，上刻“踞虎关”三个残缺不全的字，故有人称之为“踞虎关长城”，但尚未查证。居庸关防区关隘如图 6-2 所示。其中，西路横岭城下共有隘口 17 处，俱外口，如图 6-3 所示。《西关志》记载了 14 处隘口，为横岭口、北港口、小山口、陡岭口、火石岭口、倒撞口、东凉水泉口、西凉水泉口、寺儿梁口、东核桃冲口、西核桃冲口、大石沟口、倒翻冲口、庙儿梁口。《四镇三关志》载另 3 处为莺窝坨，姜家梁，黄石崖。大营盘长城往东接怀来县踞虎关长城。这段长城为块石码砌，并没有用砖砌，因此，长城的毛石干插垛口和女儿墙有的还保留至今。河北的长城与北京的有所区别，长城在北京段大多为外包砖、双墙长城，而进入河北段后则为石砌单墙长城，墙体由就地取材的石料堆砌而成，很多段落并未修建内外两面垛口，而是采用了典型的“单边墙”方式，仅面向塞外的一侧修建垛口，垛口内部留出容人站立和通行的宽度，省略了完整的两面城墙的建筑工序。“单边墙”通常是由于建筑地点山势险恶，或军事价值略低而出于节约成本的考虑修建的。

图 6-1 踞虎关长城地理位置

图 6-2 居庸关防区关隘

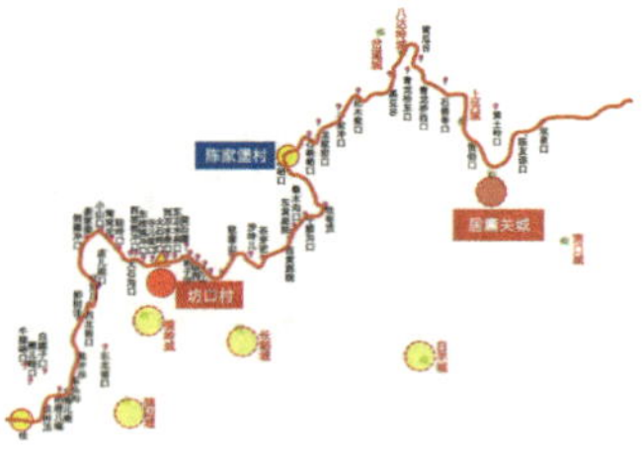

图 6-3 居庸关防区西路-横岭城下隘口

坊口村的长城经过历史变迁，防御功能在当代已不适用，常年无人看管、自然演化的消退和历经战事，使得长城的原初整体风貌难以保存，长城现状遗址形态呈现残缺、破碎的特征。在抗日战争中，长城沿线发生过多次战争，炮火横飞，对长城也有较大的破坏。敌台已经大部分坍塌，只剩中间的一小部分遗址残垣。长城段位于崇山峻岭处，有着雄伟、壮阔的气势，远处可以清晰地看到官厅水库。长城现状如图6-4所示，长城遗址为山林增添了浓郁的历史氛围，人行走在长城的遗址上，仰望看不到山顶，下视则是深幽山谷，有着山势险峻、曲折无尽之感。

图 6-4　长城现状

叙事性的长城历史文化受客观物质的影响，通过抽象化长城元素，试图将心理意象与长城历史故事相关联。包括长城的建筑材料、建造方法、建筑结构、建设过程故事、长城的地形、长城的形态等一系列的叙事元素均蕴含了长城公园的主题概念。如坊口村内建筑上的长城砖、长城形态的广场、长城村落戏台等将具有故事性、情节性的叙事元素运用在村落空间中，强调了长城叙事空间的意象，形成了感染力强的，具有趣味性、故事性的村落空间，引发观众对于长城的思考、参与和体验长城文化。

长城文化的利用与再开发所面临的问题是多维度的，包括历史文化、社会问题、审美、生态、遗址因素等。在对长城遗址、生态敏感性、景观适宜性和其他因素进行综合分析的基础上，充分考虑景区设施的布局、材料、颜色和形式，从而让它们能够完美融入古长城遗址的环境中。其中深化对长城遗址的理解与认知是重中之重，通过现场调研，将长城遗址信息叠加于坊口村现状的地理空间中，对长城遗址叙事元素与特征进行进一步梳理与分析，为后续的坊口村长城文化公园建设提供更为准确的研判与依据。

6.3.2　村域空间布局分析

坊口村的总规划面积大约控制在 8.3 平方千米：改造村落面积 10 公顷，养老社区用地 20 公顷，长城文化游览区 150 公顷，观光农园 300 公顷。整合瑞云观区域的生态、文化、农业、村落景观资源，打造特色度假旅游目的地和文化休闲综合体。建设商业休闲休憩、文创旅游、绿色自然生态等多功能体验、丰富多样的长城文化旅游区。村落整体规划图如图 6-5 所示。项目规划用地为：长城文化游览区域、养生养老社区、生态保育区、景观绿心、乡村度假综合体、文创休闲街区、观光农园等完善功能区域。将村里的其他农舍改为公共空间和各种度假设施，使其成为乡村旅居度假生活的重要载体。传承传统手工艺文化，发展乡村创意产业，在此基础上导入户外俱乐部、骑行者乐园、山居俱乐部、乡村亲子乐园、手工烘焙坊、乡村创客街区等主题空间，形成乡村特色产业。村落已经建立与长城连接的观光、骑行步道，改造了戏台、文化广场、美术馆等休闲娱乐、文化设施，包括餐饮住宿空间等在内的景区服务和讲解系统，并配备导游人员和文化自然科学的科普设施。开发乡村特色产品的生产和销售，例如通过电商、企业定点帮扶等方式销售农产品。建立了老人公益食堂，从而加强当地居民的生活水平和精神文化需求，让坊口村的人民过上更好的生活。

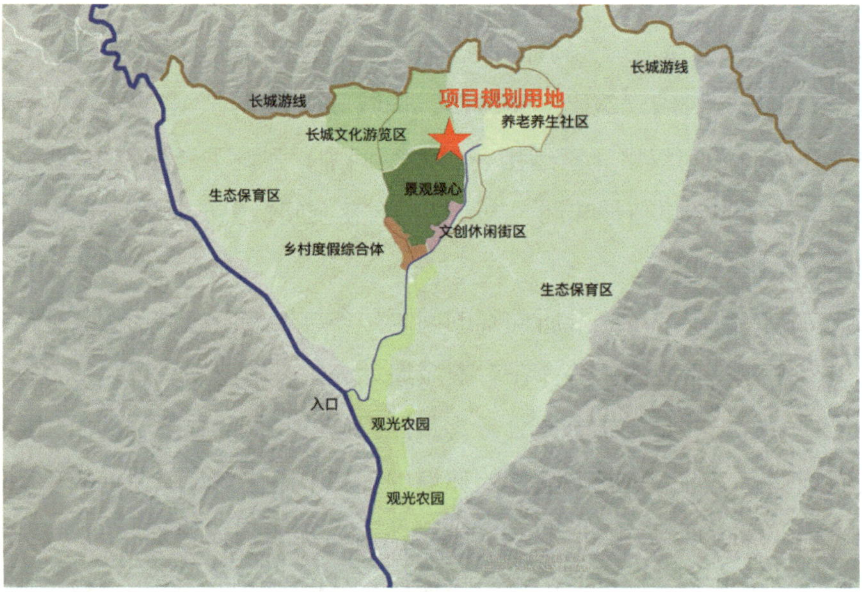

图 6-5 村域整体规划图

长城军事文化园选址位于长城文化游览区 150 公顷内，公园的建设遵循坊口村村域总体规划建设，立足于打造一个文化型的公园，集文化旅游、休闲娱乐、健身运动、观赏游览等功能于一体。

6.3.3 场地现状分析

村落用地范围如图 6-6 所示，此次公园设计范围为 2.8 公顷，项目选址距离长城 500 多米。处于牛金山与老虎山的交接处，形成环抱之势，视线条件绝佳，向北可仰望长城和绵延不绝的自然山脉风光，向南可以俯瞰村落，是村域范围内为数不多的一处望长城、望村落、望自然景色的佳地。同时又是一块较为平整的地块，能在有效降低建设成本的情况下进行公园的叙事性设计。项目规划用地的位置处于长城和坊口村落之间，能较好地融入整个村域的环境中。长城文化公园作为展示长城文化的重要部分，能使长城的自然景观（如图 6-7 所示）与村落人文环境有效统一，从而发挥长城文化公园的展示、链接作用。同时坊口村落内的环境风貌制约着长城公园的设计风格、叙事题材、叙事元素、色彩以及景观尺度，这些要素应与村域内整体的叙事特征相符合。设计应以山林为园林地貌的骨架，使长城公园从属于长城与山林布局。

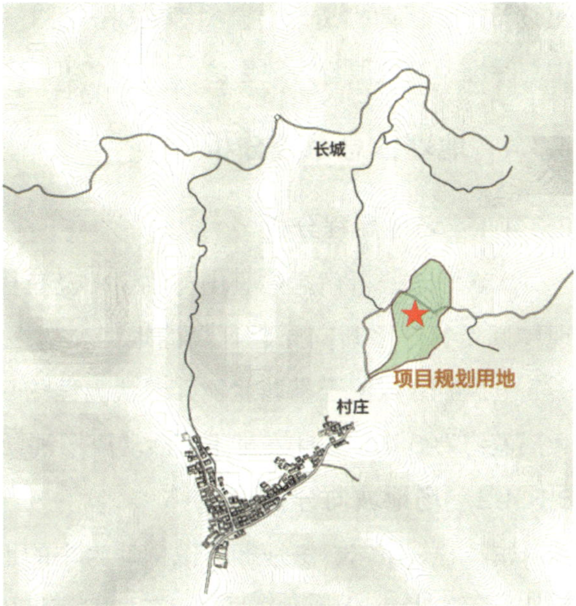

图 6-6 村落用地范围

图 6-7 长城山脉连绵的“绝佳视野”

项目周边的生态环境较弱，植被稀疏，缺乏成片的花果林地。目前有一条小路从村落通至长城，另一条路通往鸡冠山。场地中大部分区域为农林用地，种植比较单一，目前桃树、山楂树等果树占据主导，其他植被则广泛散落于荒林地当中，乔灌草植被层较为缺乏。

6.3.4 地理信息系统分析

6.3.4.1 场地高程分析

本次 GIS 分析包括鸡冠山与牛金山及其周边区域，基地整体为山地地形，呈现中间低，并逐渐向周边升高的地势。基地最高点位于牛金山，现状高程约为 977 米，最低点位于基地北侧，现状高程约 975 米。区内高差变化相对平缓，最大高差约为 5 米，在此安排下沉活动广场等场地。

6.3.4.2 场地坡向分析

如图 6-8 所示，场地拥有以山地为主的地形地貌，整个山体四面的坡向相对均衡，因交通因素需要主要利用东坡、南坡以及西坡。在公园的建设中，应因地制宜地设置功能场地，将建设成本有效控制在最低。由于最低坡向位于北向，因此可在此安排下沉活动广场等场地。

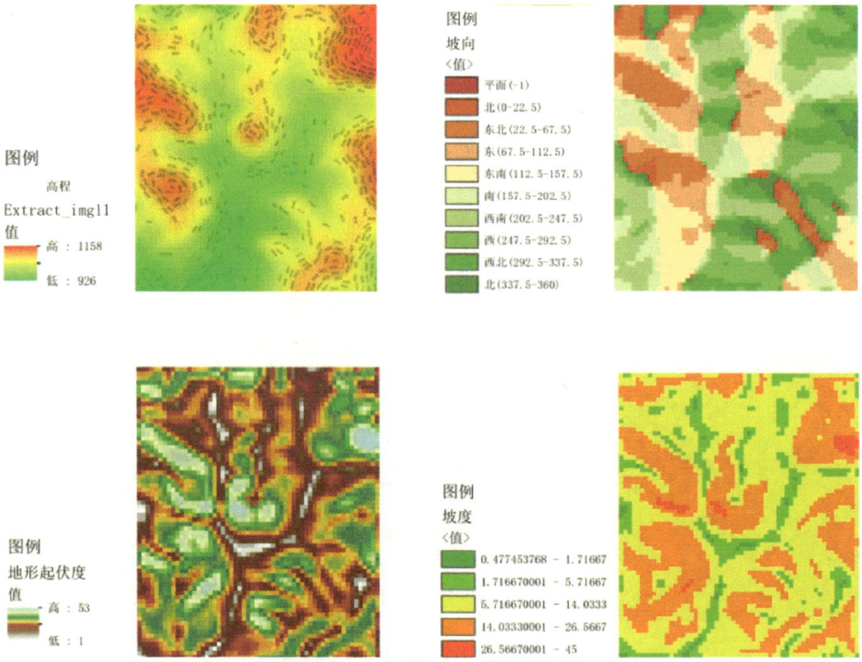

图 6-8 GIS 用地分析

6.3.4.3　场地汇水分析

在雨水方面，如图6-8所示，主要是通过周边山体向四周流动，进而实现汇水。在设计公园过程中，要对现场条件进行充分分析与利用，制造天然旱溪、植草沟等汇水渠，同时可以在相对低的地势上，设置雨水广场、生物滞留带、透水砖设施等。

6.3.5　态势分析

态势分析（SWOT分析）如表6-3所示。

表6-3　SWOT分析

1. 优势（S）	2. 劣势（W）
①长城文化、民俗文化较为浓郁； ②具有较佳的长城叙事条件； ③地形有天然优势，有助于长城军事文化叙事景观的塑造； ④当前植被能够被较好地利用	①植被比较单一，植物景观层次不足； ②地形条件相对单一，空间景观不够丰富
3. 机遇（O）	4. 挑战（T）
①长城文化景观有限，通过这一设计有助于村落旅游资源的丰富和开发； ②在村落当中有着相对丰富的业态，这为公园设计提供了一定的参考和借鉴	①如何将叙事长城文化与游憩功能相融合； ②如何在新理念的前提下不违背上位的空间布局； ③如何打造叙事性景观； ④如何充分体现长城文化； ⑤如何与村落业态对位

6.4　坊口村长城军事文化公园总体设计

本阶段的方案设计是基于对场地的勘查和分析后，做到人、长城与自然三者间的和谐相处。从叙事设计角度出发，对坊口村历史文化进行充分挖掘，并与坊口村的长城军事文化融合，以及充分考虑现有地形地貌条件，从而创建拥有科普性的长城军事文化公园空间。坊口村长城军事文化公园景观设计平面图如图6-9所示。公园主要分为以下几个区域：坊口村长城历史展示区、长城军事文化体验区、多功能室外剧场、休闲草坪区、康体运动区等区域。叙事建筑主要有承载服务中心功能的烽燧楼，长城文化体验的建筑群等，公园同时兼顾综合公园的功能的要求。根据GIS分析场地，设计尊重原有场地的山地地形特征，南部山体制高点设置观景建筑，俯瞰村落及公园全景，周边坡地布置一系列场地，丰富空间层次。北侧充分利用地势较低的现状，打造下沉的多功能剧场，提高土地利用率的同时实现对雨水的净化和利用。

图 6-9　坊口村长城军事文化公园景观设计平面图

基于上文对叙事元素方面的分析，提取长城元素、村落文化元素应用于长城文化公园中的叙事空间、造型形态、色彩、材质、听觉等区域，将景观元素纳入长城故事的编排结构里。通过借用叙事的手法，将长城的军事故事做完整的诠释，使得观众更好地了解和熟悉长城的故事。在进行叙事场地设置时，要和叙事建筑空间、景观空间进行有效结合，同时也需要合理安排雕塑、座椅等位置和形式，使得体验空间呈现出多样性，实现不同功能场地最优化，最大限度满足观众使用要求和精神需求。 在军事文化展现方面需要呈现出多元化，使得长城军事文化能够和自然相得益彰，打造出趣味十足的科普场所，例如长城战事的场景复原、长城虚拟空间体验、长城音乐广场、长城山林休闲广场等。在长城叙事空间当中，运用空间并列展示的方法，从地形、地貌特色出发，打造不同景观，让游客和居民感受到不同的生活方式，并获取大量的长城知识，提升公园整体的趣味性。

公园景观主干道为叙事建立起秩序，景观小路中隐藏着各种故事主题的诠释，长城军事文化公园、村落、长城等区位之间有着一定的联系通道，这样能够实现村落设有便捷道路进入公园。道路设置方面既要考虑其交通功能性，也要考虑道路具有引导、指向叙事建筑的功能。例如，在满足坡度相关规范的情况下，选择垂直登高线相比于平行等高线来说，显然有助于强调目标建筑，这样可以把人的关注点聚集在长城军事文化体验当中。另外在次要的道路上可以相应安排休闲座椅、健身跑步道路等，这样可以满足游客、村民的休闲与健身要求。将公园的南入口设为主要出入口，并在公园西侧设计了次要出入口。在内部交通结构方面，各个功能区通过主路连接，游客主要通行路线宽度设置为 5 米，以透水混凝土、花岗岩为材质，色彩选用长城的灰色，强化叙事空间的主题性。支路则为线状布置，连接主要景点的支路宽度设置为 3.5 米，以灰色透水砖为主，局部点缀坊口村村落建筑中常用的红砖，使得叙事空间更具地域性。同时布置了林间小路，宽度为 1.5 米，材质以石材碎片、灰色透水砖为主。沿着公园外侧设有健身步道、环园跑道，路面宽度为 2 米，以灰色透水砖、彩色透水混凝土为主要材质。另外入口区域设有自行车车位，共计 100 个，地面铺装为草坪砖，在减少硬化面积的同时满足游客骑行需求。具体材料如图 6-10 所示。

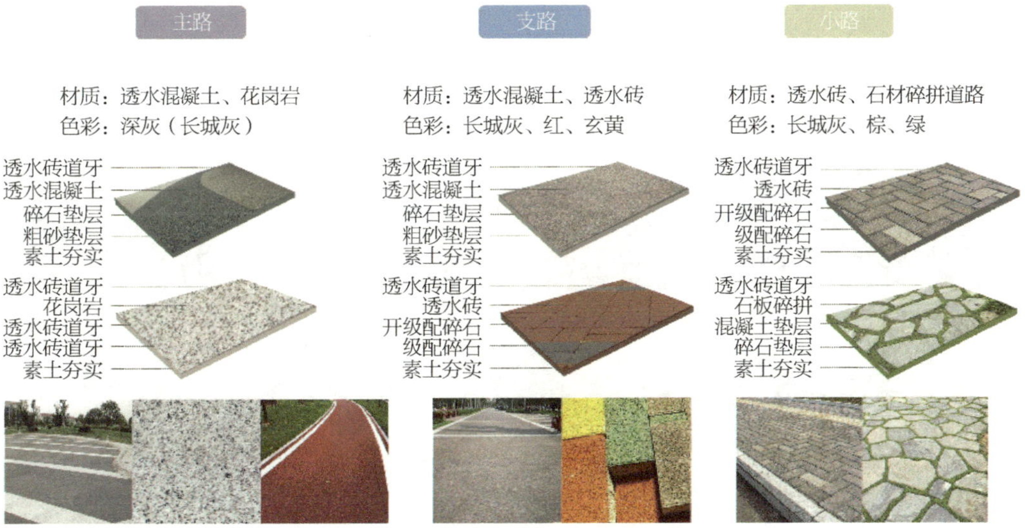

图 6-10　坊口村长城军事文化公园路面材料

植物配置应与山水结构形成相互对应的关系，险峻之处配以虬曲苍松，有益增冈峦之险的效果。种植方面尽可能对场地中的树木进行保留，在此基础上提高植物的层次性和丰富性，营造自然质朴、历史氛围浓郁的山林空间。针对比较重要的文化节点，要注重对地域文化植物的合理甄选，例如选用松树、柏树来体现文化性和历史性的叙事传达。植物配置方式有孤植、丛植、混交、大片密植花树。场地种植设计分区包括以下部分：第一，疏林草地区，尽量保留现有树木，使现有植被充分利用，营造自然林地的景观；第二，山地密林区，在现有树木的基础上进行适度的补植，打造山地野趣的密林景观；第三，花带种植区，搭配适合的花卉种植，使得景观效果得以丰富；第四，广场种植区，种植大树，起到林荫广场的效果，同时对叙事场地景观合理配置植物。在现状植物方面，主要采取的方式为保留大树，辅助维护、修正。针对即将死亡或者重病的植物可以选择性砍伐，在存在缺口的地方进行适当种植，主要以常绿树、秋色叶树为主。一些移栽树可以向临近的景观节点进行移栽，同时可以适当针对性进行补植。新增的植物景观需要和各个节点场地的功能性质进行匹配，打造具有历史感的场所以及自然疏林草地等丰富的植物配景。甄选富有内涵的植物，实现和长城特色植物的有效配合。比如可以考虑常绿的松树，其有长寿之意；可以选择有辟邪、养生含义的碧桃；可以选择果实为元宝状的元宝槭，其有财禄之意；可以选择芝麻花，其有平步青云之意等等。坊口村长城军事文化公园植物搭配如图 6-11 所示。

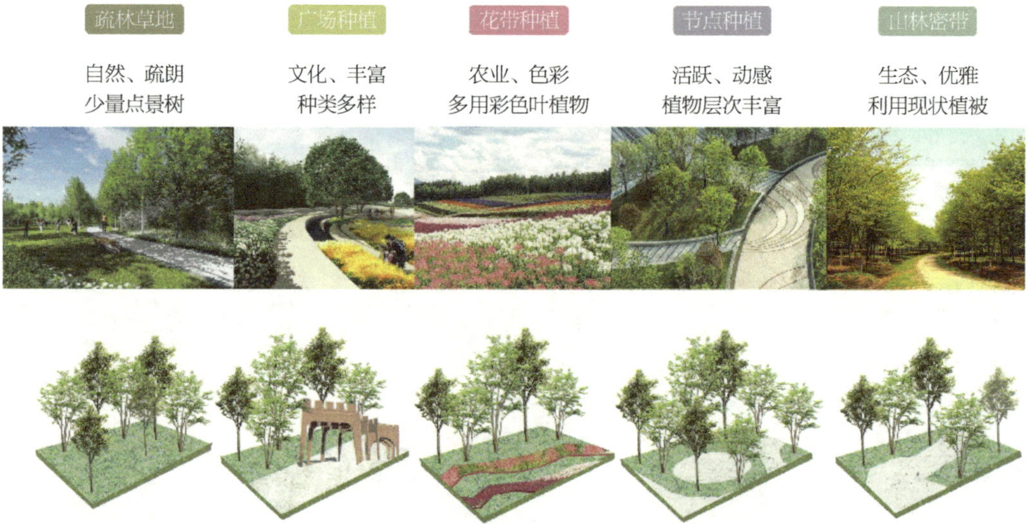

图 6-11　坊口村长城军事文化公园植物搭配

公园内场地服务设施众多，如娱乐设施、艺术设施、骑行功能的自行车停放区等等。烽燧楼游客服务中心具有多元功能，如售卖、卫生间、管理、简餐等，烽燧楼顶层兼具观景、瞭望的功能。2 处自行车停车场分别位于东入口和南入口。

公园景观家具的设计则充分提取长城军事文化显著特色，主色选择灰色系，辅色则选择深褐等，与长城墙体的颜色保持一致。基于和长城砖文化的结合，对其抽象形态进行提取，以用于服务设施等叙事元素的装饰，从而使得服务设施系统能够突出地域性、文化性。在标识设计方面包括一般标识、友情提示、警示、方向指引、宣传、总面积、项目导向、定位、自行车停放、建筑转角等。以花岗岩、木材、铝板、不锈钢金属板等作为主要材料。在灯具选用、布置上，从实际现场状况考虑，对高效节能能源进行合理应用。并考虑最佳照明效率的布置方式，寻求人文、自然之间的贴合，最大程度实现经济与社会效益。灯光设计追求以合理多样的场地氛围为主，例如历史氛围浓重的地方多采用广场灯、灯光雕塑等。在山林栈道则适合选择草坪灯，能够渲染景观神秘、宁静以及质朴的叙事氛围。

6.4.1　叙事的主题营造

6.4.1.1　题材的选择

叙述象征意义的故事可以是唯一的中心主题，也可以将这一中心主题按照不同的意义单位进行划分。托马舍夫斯基称这种划分为“动机”，这个所谓的“动机”依照一定的逻辑关系构成了整个叙事内容。叙事景观的题材包括多个方面，时间、自然、宗教等都可以成为园林景观的表现对象，而题材的形成则主要与社会文化、地理环境、历史发展关系紧密。

坊口村长城军事文化公园叙事研究涉及的学科比较广泛，涵盖了设计学、历史学、行为学、数字媒体艺术等，从近几年长城文化的研究现状来看，其研究内容已比较丰富，涉及的学科也越来越多，逐渐渗透到历史学、社会学、文化学等。跨学科的研究尽管已经开启，然而公园要如何向观众展现坊口村长城军事文化，如何讲述长城的功能、长城的战役，怎样让观众深入了解长城军事文化呢？一方面，要通过一个特定的空间设定其内容和主题，赋予其故事性和情节性，故事题材本身就需要有很好的吸引力，例如关于长城多堡联合防御的军事防御体系、精神防御、军事管理制度、军堡城池规模等的建筑布局艺术特点，这些题材能够带给观众好的空间体验。另一方面也应有创造性，让空间里的人与场景发生互动，观众对空间布局能产生一定的联想。叙事景观应设置引起观众反思的题材，才能让观众参与了解、保护长城文化，继承和发扬长城精神文化。坊口村长城军事文化公园景观设计鸟瞰图如图 6-12 所示。

图 6-12 坊口村长城军事文化公园景观设计鸟瞰图

6.4.1.2 文脉的传承

在文脉的认知层面，从古代到现代，人类已进行了漫长的研究。广义上来说，文脉是部分和整体的联系。文脉注重设计场地的历史背景，使用具有地域性的形式和色彩等语言，使之与自己的叙事设计之间具有关联，将通过现代技术与历史文脉相结合，赋予其全新的含义。

坊口村长城军事文化公园叙事景观的文脉手法主要是通过环境的融入实现的。公园本身具有一定的长城文化文脉承载性，它具有科普、宣传、娱乐等载体特征。同时，坊口村长城军事文化公园叙事景观也离不开其周边各类环境条件，包括：村落历史人文气息、地域特征和自然条件等要素。人物构成了叙事塑造的主要对象，而情节则以长城在中国历史中的演变过程为主线开展叙事。长城故事题材与其周边的地理和文化载体融为一体。叙事性作品通过科普历史发展过程中的有关事迹增强观众的体验感知。

6.4.2 叙事的编排

坊口村长城军事文化公园的主题研究应从长城的某个领域展开叙事，逐步向整个长城阶段的历史文脉演变，进而研究叙事主题概念在长城军事文化公园设计中的具体应用。因此，公园的主题叙事编排主要围绕叙事空间、叙事场景、叙事线索三要素展开，最终考虑如何通过有效的故事叙事方式将以上三个层次进行融合，并将其完整而真实地体现在长城公园的具体设计之中。坊口村长城军事文化公园叙事场地的关系、文化积淀能让观众直观体会类似先验性的感受，以及历史叙事线本身具备的信息、思想、暗示、提示等感知，同时也可以利用戏剧式布景感、场景感、景观元素的片段蒙太奇手法来提高观众的体验感。

同时也需要考虑村民日常活动的功能性。如图 6-13 所示，采用砾石营造枯水氛围来体现长城的护城河概念，在进行长城历史建构叙事的同时，在山体密林处设置健身器械，以满足村民的日常运动，此处较为安静，被砾石和植物分割的空间适于瑜伽冥想活动，同时此处也服务于项目空间布局中东侧的康养社区。

图 6-13　坊口村长城军事文化公园护城河健身区效果图

6.4.2.1　叙事空间

在塑造叙事景观空间时，叙事文本是作品的灵魂，是叙事空间的重要组成部分。另外关乎空间的叙事具有多面性，光影、色彩、空间形态等均处在空间的叙事内。本书提出的叙事空间，是基于地域文脉，综合多层面的景观要素和园林空间等所形成的和谐状态。空间叙事体现在空间的结构和层次、空间的序列和格局以及空间主题之中。空间的序列和格局注重空间节点和肌理、空间形态间的秩序性，重视对各空间节点关系的处理。因此，设计坊口村长城军事文化公园空间景观时，需让它的空间组合得到有机连续，即在特定长城军事文化故事的背景里进行发展，故事可由空间节点施与的插叙等方式展开。此外，各空间节点间应有故事的并叙或者交叉，但主体应以历史的顺叙为主线。空间主题对景观的基调和主题做了界定，它将秩序感带给公共空间，人的活动、自然物、构筑物或者建筑物均能将其展现出来。场地中应拥有独特的主题空间特点，便于游人记忆与识别，区别于其他地段方可吸引人的关注，它是感性认知不可或缺的客观基础。选取长城文化主题时通常要考虑当地的人文、历史和地理因素，对来自不同地方的人感受不同地域景观风貌的差异时有所帮助。

如图 6-14 所示，在村域总体规划的空间布局上，结合叙事理论、长城文化、地理条件等因素，长城公园的设计进行了以下分区：服务观景区、长城军事文化体验、康体运动区、坊口村长城历史展示区、草坪休闲区、多功能室外剧场等区域。其中，服务观景区包括南面主入口广场、游客服务中心/瞭望塔；长城军事文化体验区包括虚拟游戏场地、互动军事体验、儿童游乐场等。在多功能室外剧场中，有音乐广场、下沉式剧场、驿站廊架等。

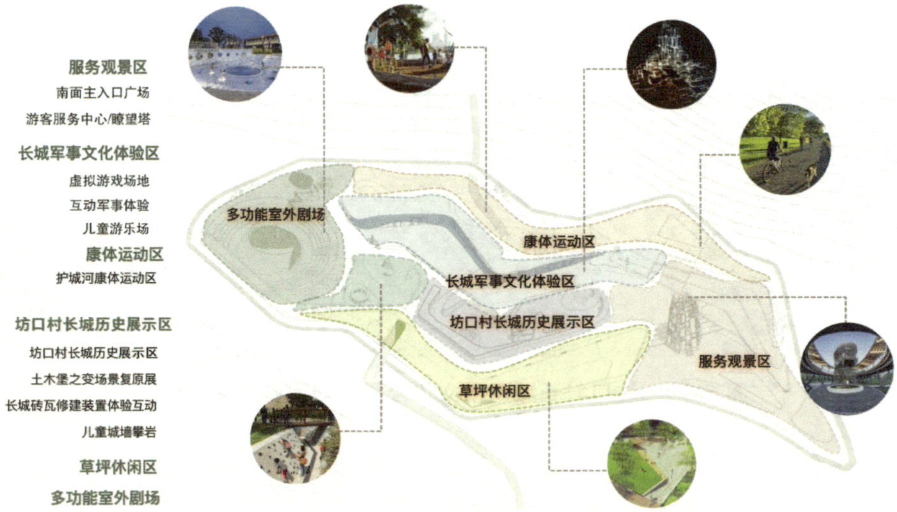

图 6-14　坊口村长城军事文化公园景观设计功能分区图

6.4.2.2　叙事场所

景观主题是基于特定的编排结构形成的，并围绕空间主题展开相关的故事情节。所谓园林空间主要由各类的园林要素分割或组合而成，园林内的不同场景环节通过连续、呼应等方式构成一个生动的连环画面。其中的故事叙事情节跌宕起伏，连绵不绝，最终构成体验感极强的空间秩序场所。坊口村长城军事文化公园内的园林应重视军事情节体验感场所的塑造，可依靠各类活动功能和情节体验来组织创造。情节化空间的实质是将具体的生活情节和园林空间合二为一，进而构造出具有较强感染力的空间维度。其场景效果图如图 6-15 所示。

图 6-15　坊口村长城军事文化公园叙事场景效果图

坊口村长城军事文化公园叙事主要体现在场景的参与叙事中。场景参与叙事是观众根据历史场景复原、模拟历史环境、图文、影像等内容进行解读，并结合叙事环境和叙事线索，对叙事背后的价值和精神思想进行深挖。参与叙事存在的前提是观众的互动性，通过交互式的互动创造出更有意义的叙事内涵。例如，就经常看到的现场表演节目而言，在表演活动中经常会遇到表演者邀请观众上台参与活动的情况，这就是一种将叙事舞台与剧场结合起来的方式。

叙事艺术方式有很多种，在坊口村长城军事文化公园中，通过军事战争游戏场景进行互动是一种较为典型的叙事形式，形成了多样化的游戏叙事形态，如图6-16所示，包括长城互动体验、长城历史展示、长城战事场景复原、战争互动游戏、儿童科普场所、长城音乐广场、长城砖空间、长城驿站等。通过游戏式的场景叙事方式进一步激发公园景观设计的灵感，拉近长城军事文化与观众之间的距离，提升互动性。设定故事程序积极鼓励和引导观众对军事战役中的情节、角色进行探索和体验，从而体会军事战役中的曲折与艰辛。

图 6-16 坊口村长城军事文化公园体验路线图

6.4.2.3 叙事线索

叙事的作品要有连贯性、一致性、完整性，有结局与意义，有确定的时空，如传统的文学与电影作品是“封闭的”媒介，其结构由固定的、绝对的时间与空间构成，由时间决定开头和结尾，因此叙事结局是必要的。文学或电影作品中的情感需要通过叙事结局表现出来，通过一种想知道结局的欲望勾起观众的好奇心。

坊口村长城军事文化公园采用多条线索嵌套式方法，叙事线索内部存在着诸多子空间和场景，每个子空间叙述着相对独立的情节，并且能够提供无数条不同的参观路径。同时，也应考虑超链接的叙事方式，在低处空间与高处空间之间进行纵向维度的连接，从而形成相互眺望的视角感受。长城军事文化公园利用多线索叙事的方式，不仅可以呈现多交叉形式变换的景观和室内空间，同时也可以对同一路径不同主题进行分解。将长城军事文化的相关故事利用空间划分方式在不同维度展开论述，营造平行的情节线索，给人一种生动的空间体验，构造出多维的长城故事空间形态。可通过形成流线性的活跃方式提高空间的连贯思路，且由此形成的多元化选择空间将对参与者形成更大的激励效应，促进其依靠自身体验而编织故事的结局。如日本开发的畅销游戏《三国志Ⅺ》，其中涵盖了以下 8 种几乎完全不同的风格剧本：黄巾之乱、群雄逐鹿、联合反董、三顾茅庐、官渡战役、英雄集结、刘备入蜀、征服南蛮。其中，每个故事情节都设定了相关的势力范围、地形图，游戏用户可以根据自身喜好选择游戏角色，并自由挑选大将展开征伐之路。

基于前面的分析和构想，此次场地设计，在景观结构方面强调“一核三线多节点”，如图 6-17 所示。一核，即叙事性建筑烽燧楼游客服务中心，将其安排在公园入口，这是公园制高点，也是整个公园的核心位置。三线是以核为中心，基于坊口村军事文化展现定位确立的长城文化叙事景观体验游览线路：第一条线路为坊口村长城历史展线，如长城的建造故事、军事故事、军营生活故事等历史的展现；第二条线路为长城沉浸式互动体验路线，此线路主要围绕室内军事文化体验展开，包括室内虚拟长城游戏区，将长城的多堡联合防御通过数字手段展示，使观众有如亲临般感受长城的军事防御系统、精神防御、建筑艺术特点、军事管理制度、历史发展过程与空间分布态势以及聚落的形成等相关主题展；第三条线路为护城河康体健身路线，以枯山水的方式来营造护城河的理念，并将场地赋能为健身运动区，满足村内居民、康养区和民宿度假人员的日常运动康体需求。三线有效体现了叙事景观的军事文化性、功能性。多节点表示散布在场地当中的各个功能节点，如儿童游乐场、战役场景复原、音乐广场等，使得叙事公园功能不断得到丰富。

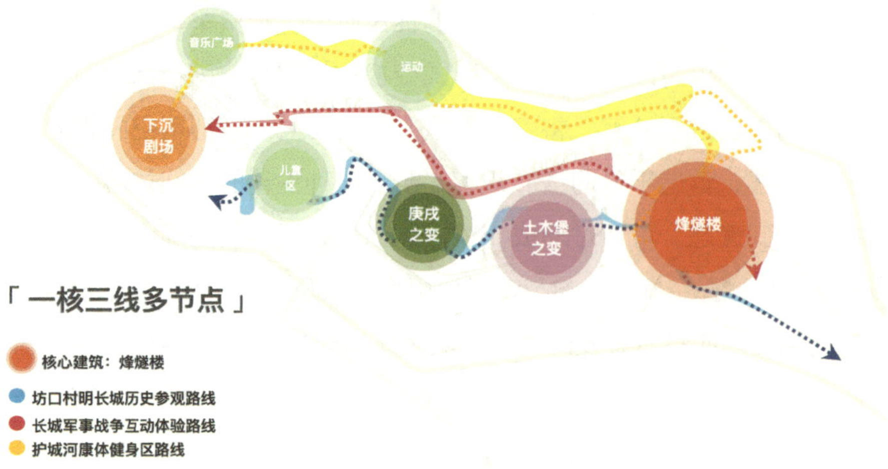

图 6-17 坊口村长城军事文化公园游览线路图

6.4.3 叙事的感知体验

6.4.3.1 视听的呈现

视觉和听觉在观众的感知中是最直观的。大部分叙事信息可以通过视觉来获取。光影、色彩、材质、声音等媒介在叙事表达的过程中发挥的作用并非对叙事信息的单纯传送，而是对叙事文本产生的重要影响。例如，长城军事文化公园场所叙事里对长城历史事件进行展现的时候，建筑材质应选择有厚重感、永恒性的、能渲染历史氛围的叙事材料和色彩来展现其历史特征。

1. 光影的构建

园林空间当中，阳光的照射角度和阳光受到树木阻挡形成的树荫均会对其空间产生一定的界定作用。园林当中设置的景观、植物、地形和建筑都会对光射入组织空间时产生影响，通过空间的明暗变化将整体空间划分为各个部分。基于此，园林空间当中的一堵墙、一棵树在光影的投射下都可营造为叙事空间。实体空间在光影的入射、反射作用下形成新的空间感受，例如设置镜子或者水面倒影也可扩大空间的视觉感受。

坊口村长城军事文化公园借助光影的千变万化建构长城的多重时空形态，提升空间界面的潜在内涵，增强其庄重的历史氛围，同时突出体现内外两重空间具有的层次性和关联性。在进行光影设计时，可采用折光、遮光、聚光、反光、滤光、透光以及漏光等方式。光与影的巧妙结合为人们提供了丰富的视觉图案，如图 6-18 所示，太阳光的照射使得长城的轮廓很好地凸显出来，墙体和其地面的影子交相呼应，演绎了一场精彩的光影和实物之间的对话，突出了建筑的特点，让参观者仿佛回到历史叙事空间中。光影的形态各不相同，主要影响因素包括光源色彩、光源高度以及光面肌理、质感等。光影的颜色、形态等与参观者当时的心情产生共鸣，参观者可从中获得一定的启示，这也充分体现出光的叙事性运用的深层作用。

图 6-18　坊口村长城军事文化公园休闲广场效果图

2. 色彩

色彩在景观设计中同样具有隐喻的意义，色彩的搭配与运用直接影响人对景观场所的感官体验。明长城的灰色调有着自身的文化内涵和独特的审美价值，约翰斯·伊顿（1888—1967）在其著作《色彩艺术》中认为灰色是视觉所需要的平衡状态。伊顿做了大量的实验验证色彩和谐理论，例如，如果凝视一个红色的正方形，残相就是一个绿色的正方形，但如果盯着一个中灰色背景上的中灰色方块，就不会出现其他颜色的视觉残像，因此认为灰色就是视觉所需要的平衡状态。在坊口村长城军事文化公园的设计中，建筑墙面和地面的主色调提取了明长城的灰色调，借由色彩给观众创造遐想的空间，引发观众对于长城文化的认同感。将色彩艺术与造型艺术结合起来可以塑造纪念性的空间叙事，长城灰色调具有一定的历史象征的意义，结合造型等设计手法能让观众不断联想和记忆长城建设过程中的历史事件。叙事中的布局以及组合也可以由色彩来衔接，让色彩成为历史展现的符号之一。例如，如图 6-19 所示，可在部分空间设计中应用灰色或白色来纪念在驻守边疆和战争中消失的生命，铭记战争的伤痛，珍惜当下的和平，引发观众深刻的发问和思考。

图 6-19　坊口村长城军事文化公园军事文化展示区效果图

3. 材料

不管空间形式怎样变化，材质都可以直接影响人的心理感受。在对叙事景观空间进行构建时，可以把故事展示给人们，同时材质所蕴含的语义也展现了其美学含义。质感的营造也成为坊口村长城军事文化公园的叙事性设计理念之一，在运用和把握材质特性方面有了实践的依据。此外，材质运用方面可采用现代科技建造技术，多样化的特殊材料呈现出丰富的质感效果，继而可以把结合了现代科技手段和文化叙事特征的景观意向传达给人们。因此，对质感、图像观感、视觉美感与景观场景应予以着重强调，越来越多的长城军事文化信息通过多元化景观被传输出去，继而将多元化叙事景观环境呈现于观众面前。例如，如图 6-20、6-21 所示，通过质朴、厚重的历史材料将怀来县发生过的长城历史战事展现出来，利用场景复原手段来强化长城叙事的场所感，让观众似乎回到那个历史时期的环境中，而引发其强烈的情感体验。

图 6-20　坊口村长城军事文化公园场景复原效果图

图 6-21　坊口村长城军事文化公园场景体验区入口效果图

1）土木堡之变部分场景复原

1449 年，即明正统十四年，在延庆以西怀来土木堡发生了“土木堡之变”。明朝数十万大军大败，明英宗被瓦剌活捉，之后瓦剌向北京挺进，由于居庸关未被攻破，此时瓦剌选择向西南绕道，从紫荆关进入，直逼北京城。另外，还有一部分游骑选择从居庸关西边的白羊口、横岭口进入，同样逼近北京城。明嘉靖二十二年（1543 年）为抵御鞑靼入侵，明朝政府修建了横岭城。《世宗嘉靖实录》记载，横岭城内部设计为“创横岭敌台及楼一座，增葺官厅一所，以居把总官。置城内营房一百五十，凿井四，计用工料及行粮折银共六百八十两有奇……”同时，由居庸关负责指挥横岭城、长峪城等，当遇到战事时彼此之间相互策应。

瓦剌是蒙古族中的一支，明正统年间势力逐渐强大，1449 年，蓄谋已久的瓦剌部首领也先以明廷辱谩其贡使为名，兵分四路向辽东、宣府、大同、甘肃四镇长城发动了大规模的进攻。也先率主力居中进攻大同镇，大同镇长城几乎全线瓦解。大同告急，朝廷震惊，明英宗在宦官王振的蛊惑下仓促下诏亲征。八月初一，明英宗率领 50 万军队到了大同后才知道事态的严重。七月十五、十六两天，阳和（今山西阳高）之战，瓦剌也先部队又一次全线突破长城，大同总督西宁侯宋瑛率部迎战，双方在阳和后山展开激战，但因明军将领被王振的亲信、监军宦官郭敬掣肘，结果全军溃败。辽东北地长城沿线传来防御吃紧的奏报，对作战一窍不通的王振慌了手脚，急令班师回京。八月初一，明军进到大同，王振是蔚州人，想让皇帝于退兵时经过他的家乡“驾幸其第”，显示其威风，已经走了二十多千米，又怕大军到蔚州损坏他的田园庄稼，就命“复折而东”，奔向宣府。十三日退至距当时怀来城十千米的土木堡时，王振下令全军在无险可守的土木堡就地宿营。十四日黎明，瓦剌军包围了土木堡，并切断了水源。土木堡地势高，掘地二丈仍未挖出水来，全军陷入绝境。这时也先佯做撤退，并派使者讲和，王振信以为真，急令移营就水。明军刚一行动，三万瓦剌精骑突然从四面八方杀来，明军顿时大乱，随行大臣多数战死，英宗也只好下马盘膝坐以待俘。

2）庚戌之变战争题材浮雕展示

1550 年 8 月，即明嘉靖二十九年八月，发生“庚戌之变”。一支鞑靼队伍从密云古北口进入，迅速逼近北京城，同时还有一小部分骑兵，选择从横岭口、白羊口等进入。鞑靼撤退时，一半骑兵从横岭、镇边退回，重创明朝军队，明军伤亡惨重，不敢追击。战役后，横岭守城军官被惩处。为加强对横岭城的防卫，明朝兵部对横岭城级别进行提升，直接让居庸关参将负责并驻扎在此。

4. 声音

和普通声音比较起来，自然声音更易与环境相融合。游览者可以从声景观里感受到温馨和谐的声音环境，继而在游览活动中变得更投入。在坊口村长城军事文化公园设计中，也可利用回音壁的传声原理，营建出“天人感应”的氛围；树叶的簌簌之声可让人们感知到风声；动物声一般适用于含蓄的意境里，可以将一定的信息表现出来；人类活动的各种声音，都可被合理运用在一些空间场合里，但是不可展现出混杂的状态。

坊口村长城军事文化公园设计中，借助音乐广场等场所，将明代的乐曲感受传递给人们，同时在草坪上可设置播放中国古典音乐的设备，有机结合场所的听觉效果和视觉效果，如图 6-22、6-23 所示，提取长城墙体元素作为下沉广场入口门的样式，不仅强调了入口的指引性，还具有主题性、历史感，让场所体验更加强烈。

图 6-22　坊口村长城军事文化公园下沉音乐广场效果图

图 6-23 坊口村长城军事文化公园音乐广场效果图

6.4.3.2 体验的延伸

在公园的各个场景中，游览者可以触及周围的景观环境，在切实的感受下，他们对于空间的认知愈发多元。在设计坊口村长城军事文化公园时，要想让游览者获得更多元的军事体验，就要在他们易于触碰之处设置更多的、能吸引其做出交互行为的元素，在设计过程中创设更多能激发游览者触碰行为的元素，促使游览者主动去联想和思考，继而实现人和环境彼此融合。

如图6-24所示，长城驿站亭作为景观叙事的体验区，有着长城驿站历史的展示功能，在此空间可以通过图文、实物模型的场景模式增强驿站的体验感，同时亭内兼顾纳凉避雨的休憩功能。

图6-24　坊口村长城军事文化公园长城驿站亭效果图

基于坊口村长城军事文化公园的主题性，在公园的设计中，展示军事聚落的历史形成过程和空间分布规律、军事聚落与防御体系的防御性特征以及各层级军事聚落和城池规模、军堡建造的要素，让观众了解防御系统中的陆路屯兵系统、海路屯兵系统、烽传系统、驿传系统、军需屯田系统之间是如何分工合作、协调配合的，以及体验军民的生活等长城军事文化是叙事文本中的重点。通过研究叙事的方法，主要采用室外的场景复原和室内展厅的数字多媒体技术来达到互动式的科普目的。其叙事空间分析如图6-25所示。

图6-25　叙事空间分析

1. 人与军事文化的虚拟互动

长城军事文化公园的叙事是一个双向的交流系统，是建构长城军事文化与观众的对话场所。这种叙事在不断重构或建立新的链接，观众可以不按叙事者安排的路线游览，而是根据自己的意图去改变叙事进程、结局与意义，最终军事体验与科普的效果也成为观众和设计师之间交互的结果。叙事体验分析如图 6-26 所示。

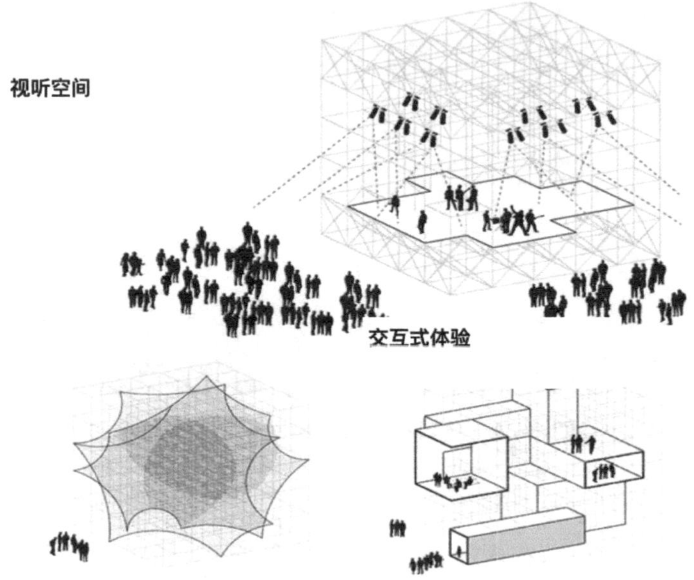

图 6-26 叙事体验分析

1）虚拟军事战役游戏体验

虚拟军事战役游戏体验这类叙事相对来说是封闭的，一般在室内进行虚拟游戏，借助环境里的影视、灯光进入虚拟空间，观众能在游戏中能体验到操纵感、成功的愉悦与失败的沮丧。例如，观众可以在游戏中扮演长城的建造者，在这过程中去体验多堡联合防御军事文化。长城的堡城与堡城之间往往相隔 2 千米左右，各负责一段长城的防御和修筑。但是出于防御需要，可以利用单堡城提高防御层次，或多堡联合加强防御能力。军堡一般成城套城布局，有两层城池防御工事，是在城池的外面再建一座关城或内城以增强防御能力。同时，在室内的某个区域也可以利用混合现实或虚拟现实等综合技术手段模拟多堡联合作战的游戏场景。

在长城军事文化公园中，观众身心体验特别重要，他们兼为角色和操纵者，借助对长城地理格局的操控和军事互动去探索虚拟空间。长城军事文化叙事就在观众与观众、观众与媒介的交互过程中不断地前进与发展，观众在体验仿真类游戏的过程中获取长城知识和体验愉悦之感。借助已有的知识背景快速掌握游戏的规则、任务，同时迅速进入角色。对观众来说，玩游戏的过程即自己所在的真实时空和游戏里呈现的虚拟时空之间的交互过程。长城军事文化公园应将宏伟的历史场景展现在人们面前，观众可从中感受到战争胜利的喜悦、失败的沮丧、对和平的渴望或是冒险的乐趣。将文化展示改成游戏后，观众能基于原本的故事背景进入游戏，玩游戏的过程既是重温长城场景的过程，也是体验做英雄等场景的过程。游戏的表现空间因游戏里的闯关任务和特有场景而被进一步拓展，让观众获得层次更高的心理感受和体验，即视听完美融合在一起的精神旅程。

通过设置具体的故事线，将观众带入长城沉浸式互动体验区，如图 6-27 所示，在灰色的墙体上雕刻历史上与长城有关的著名人物和战事的信息。体验区室内空间设置虚拟长城游戏区，通过数字手段展示长城的多堡联合防御，使观众详细了解长城的军事防御系统、精神防御、建筑艺术特点、军事管理制度、历史发展过程与空间分布态势以及聚落形成等长城历史文化。

图 6-27　坊口村长城军事文化公园叙事体验区效果图

2）虚拟空间聚落生活体验

明代实行军户制度，军人须在军屯结婚安家，大多数武官家庭世代稳定地生活在军屯里。因此，在公园的叙事中，不仅需要让观众体验家属随军驻守边疆的军事聚落生活场景，更重要的是让观众了解军事管理制度中对于军户与土地的管理等相关知识。该类生活体验叙事一般可以通过虚拟空间来展示，例如，中国2010年上海世界博览会的加拿大展馆，参观人员可借助互动自行车漫游虚拟城市，继而将能源城市和创造性的概念呈现出来。当观众加速和减速时，眼前的图像和音响也会随之变化。在长城军事文化公园设计中，也可探索交互性与知觉模式的关系，如图6-28所示，让观众了解长城的兵营、兵制，检验一天的生活。

图6-28　坊口村长城军事文化公园远程互动体验

许多艺术都在强调其与观众之间的关系，比如在3D环幕影院中观看影片的观众能随着影片同步闻到花香；当影片中有雨雾时，在电影院现场也可以感觉到弥漫的水雾，观众的座椅会随着相应的画面运动而摇摆起伏。长城军事文化的叙事能够让观众通过感官感受多媒体技术的魅力，而传统叙事离不开联想想象和主题之间的交流，两者之间能够借助沉浸式的环境体验达成一致，继而更好地科普长城军事文化。

2. 人与环境的互动

人与环境的互动这类叙事的故事通常会设定一个叙事情境，使观众认为自己处在未来或者过去的时空中。比如，在迷宫式叙事结构里蕴含情节；或在公园里设置场景复原某段长城历史的环境，让观众扮演战争中的某个角色；或寻找唯一正确的路径，参与到长城军事战役体验游戏中。在互动过程中观众对长城军事文化进行沉浸式学习，在不断探索的过程中沿着情节发展脉络前行。例如，苏州狮子林中有一座较大的叠石假山，当人们进入假山的石洞里犹如到了迷宫，其冒险故事是单向、线性的，迷宫的出入口仅有很少的几个，游客需要把正确路径找寻出来，才能解读整个叙事。所以，该类叙事对情节设定有要求，观众在其中是被约束的，缺少互动和角色创作，他们更多的是了解发现而非创作体验角色。

如图 6-29 所示，通过在儿童娱乐区设置攀爬城墙，让儿童在其中游玩时，对城墙的样式、建筑结构加以了解，公园的科普功能就能得到很好的体现。成人看护区被安排在可供休憩的树阵广场旁边，看护儿童的同时也为休闲活动增加了更多的乐趣。军事文化展示方面，为烘托长城军事文化主题，采用了浮雕以及场景复原等方式，使军事文化体验升级，满足了集散、游览、观景、休憩等需求。

图 6-29　坊口村长城军事文化公园儿童军事文化体验区效果图

3. 历史时空与现实时空的互动

《瓷器》是第 8 届上海双年展展出的作品，它源于一部电视剧（共 3 集），作者将瓷器当作引子，讲了一个东西方交流的故事。该作品由十七世纪一艘将瓷器从亚洲运往欧洲的商船所发生的一系列真实事件改编拍摄。电视剧里使用的许多道具以及一只瓷花瓶均是荷兰的文物藏品。在展览现场，该剧和大量道具均与馆藏真品一起展示给参观者。参观者可找寻自己对这段历史的看法和认知。上述物品经过这个仪式感十足的展现形式，其身份已然发生了变化。该剧移植历史事件于当下，同时将其置于国际语境里。该展览触及了不少现在的事件，比如原真性对复制性的反抗。在坊口村长城军事文化公园设计中，原真性十分重要，除了叙述真实历史事件，还应考虑观众的背景知识、长城历史的原真性和坊口村之间的关系，考虑如何运用当代的展示手法与历史相结合等诸多议题。参观者可找寻自己对这段历史的看法和认知，移植历史事件于当下，同时将其置于现代语境里。

4. 阅读时空和图文时空的交互

文学作品的表现媒介是语言，它基于读者的想象构建出抽象叙事时空，而长城军事文化公园构建出的叙事时空是具象的；表现媒介为环境的叙事是具有复杂性的时空体，包括了大时空（叙事作品）和小时空（观众个体）。伴随着阅读进程的推进，释放诸多的场景关键点，同时个体的小时空也获得了绽放。叙事过程就是阅读时空和文本时空交互的一个过程，如图 6-30 所示，澳大利亚博物馆中，设立了巨大的多媒体操作屏幕，人们可以通过点击运动中的图片互动，点击进入后可以观看到许多相关的详细信息，该互动形式既能激发阅读兴趣，又能引发观众亲自创造结局的想法。

图 6-30　澳大利亚博物馆电子互动阅读叙事

5. 远程互动的叙事

传统文本的结构是封闭式的、平面化的。有时候作者虽然预留了情节空白，提供了想象空间，但其依然是扁平化的非动态结构，无论是立体延展性还是深度感均比较匮乏，它的信息流动具有终极界限。而数字化本文的结构是开放式的，具有流动性，其处在众多维面的交叉之处，延展并辐射于多重时空，其结构空白没有边界，为读者留下了极大的想象与创造空间。长城军事文化公园的景观和传统的叙事景观相比，前者叙事的进程是观众、文本和叙述者循环互动的过程。参观者能够发表自己的观点和意见，亦能扮演角色、操控化身，在动态化阅读里将文本没有呈现的时空开拓出来。数字化展示文本短暂且非静态，观众的决定和选择均伴随着随机性，各种相互冲突的细节需要观众结合自身的长城军事文化的知识做出判断。一个成功的长城军事文化叙事空间或可使参观者脱离现实、沉浸于长城军事文化环境里。沉浸的感觉一定产生于感觉器官，而非心理想象。长城军事文化叙事能够借助虚拟现实将逼真之感和感官输入创造出来，此处的逼真之感即对作者的行为和动作加以操控，用让人信服且现实的方式产生影响，如图 6-31 所示。

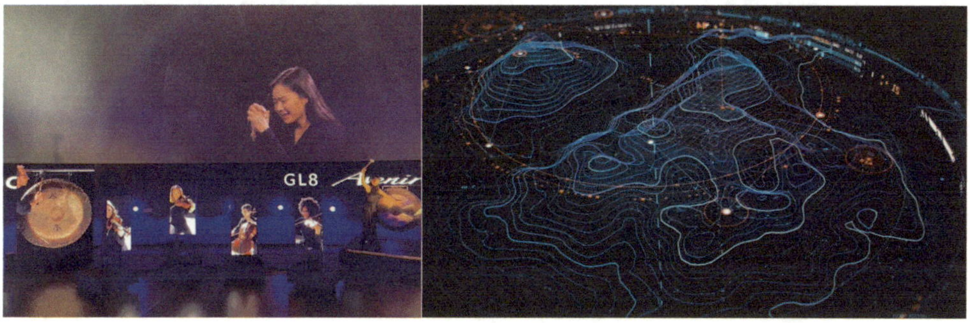

图 6-31　远程互动叙事

1）打破叙事空间的边界

超文本将文本的边界打开了，具有颠覆性意义。各媒介和叙事形态之间的边界正在消失，过去区分明确的媒介和叙事形式正在彼此糅合。长城军事文化公园展示的超文本形态包括声音、文字、影像、图像等，它将过去的叙事形式（音乐、文学、戏剧和电影等）融合进来，在多重叙事空间中进行扩展叙事。如图 6-32 所示，在坊口村长城军事文化公园的设计中，可以将室内室外的叙事空间的边界进行融合，营造贯穿整个公园的空间叙事环境；也可以通过视频对另一个长城景点进行实时观测，让观众链接在不同的地域、景区、场景之间形成互动，实现长城文化多空间、多维度的远程互动。

2）虚拟空间和现实空间并存

坊口村长城军事文化公园通过场景复原和虚拟数字手段，在多维层面上构建虚拟现实和体验真实场景式叙事，展现其紧密关联性。在叙事文本里，虚拟时空能够把长城军事文化呈现出来，从仿真、并存发展至对现实世界的逐步替代。

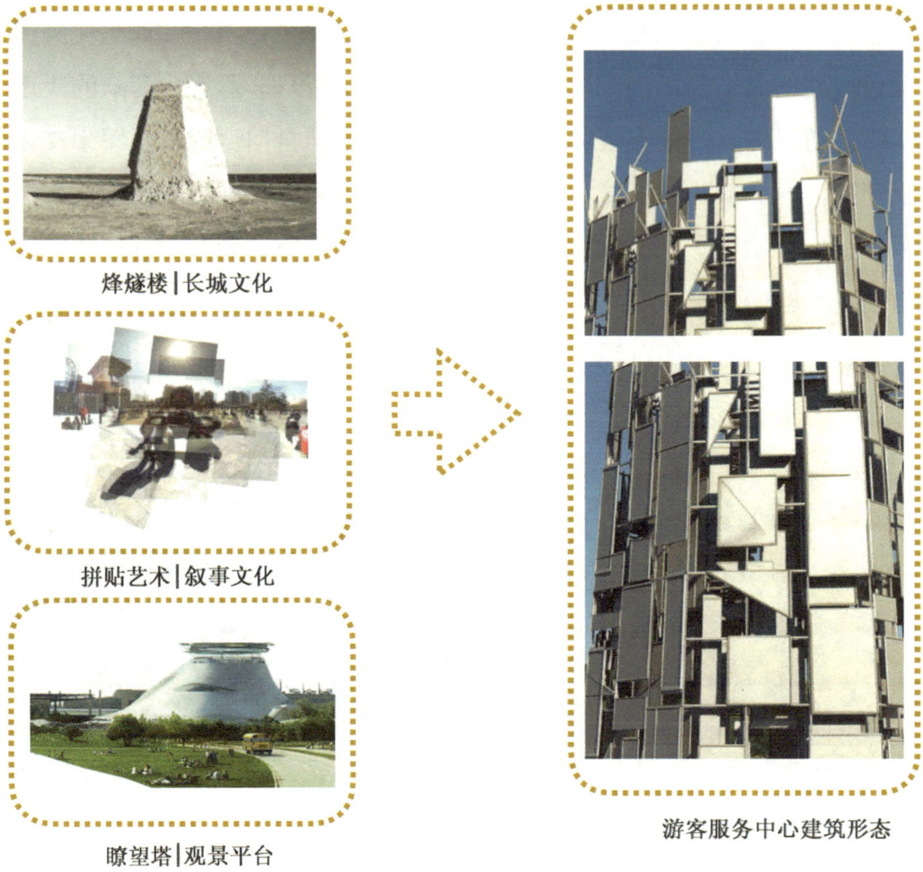

图 6-32 坊口村长城军事文化公园游客服务中心效果图

6.4.4 叙事的多维重构

6.4.4.1 坊口村长城军事文化公园与美学重构

长城军事文化公园推陈出新，提升艺术审美，贯穿创作、传播等过程，不断深化艺术审美体验，创新艺术审美思维。伴随科技的不断发展，优良艺术形式将被传承和发展，成为历史精粹，永远流传。

1. 长城元素解构与拼贴美学

公园叙事景观的本质是军事文化性，它是公园的依托，是以表层表象体现军事的深层文化内涵，是凝固的文化。烽燧楼本身依托场地的地形特征，可增强观众的长城文化认同感。同时在设计时紧扣叙事审美文化中的“拼贴之美”等长城文化特征，并运用于建筑形式造型等方面的设计。坊口村长城军事文化公园鼓励观众探究自身与长城文化之间的联系，把偶发事件作为叙事策略，以碎片、拼贴、互动的话语方式进行叙事。景观空间的节奏，好比一部优秀的电影，在展示区域构成美丽的镜头画面，为观众提供充满想象力的篇章。碎片和拼贴这两种叙事方式在景观中很少彼此借用，通过引用叙事的长城元素解构和拼贴美学这两种修辞方式，将长城军事文化的叙事景观内涵完整地表达出来。

坊口村长城军事文化公园的烽燧楼地处公园南部，位于公园主入口处，为公园的服务中心，涵盖了园区管理办公、文创售卖、观景瞭望、公共卫生间等功能。

1）空间高度控制

公园景观内容的搭建骨架即为景观空间结构，烽燧楼游客服务中心作为重要的叙事载体，对故事内容进行承载。军事文化故事、记忆将会在烽燧形状建筑当中体现，隐藏于整个空间结构之中。

建筑的高度、形式、位置、体量从山林布局的需要出发，与山水景观相协调，风格也较为现代朴素。形成“近有质，远有势”的效果。

依据叙事空间的要点，针对周边范围可以从视距角度进行划分，具体包括：其一，开阔观赏距离；其二，最佳观赏距离；其三，极限观赏距离。以埃斯特庄园为例，主建筑位于视距控制范围内，对整个场地进行了覆盖。结合相关理论和案例的研究以及周边山体高度，坊口村长城军事文化公园的烽燧楼游客服务中心建筑的高度设计在 16 米到 18 米之间为宜。烽燧楼游客服务中心设计为三层：一层的主入口以简餐等售卖为主，另一侧为公共卫生间；二层为园区管理办公区域；三层则是观景瞭望台。其平面图、立面和效果图分别如图 6-33 至图 6-35 所示。

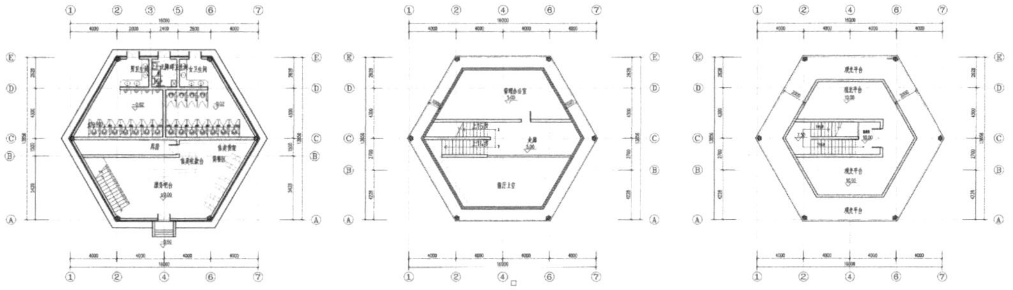

一层平面图　　二层平面图　　三层平面图

图 6-33　坊口村长城军事文化公园烽燧楼游客服务中心平面图

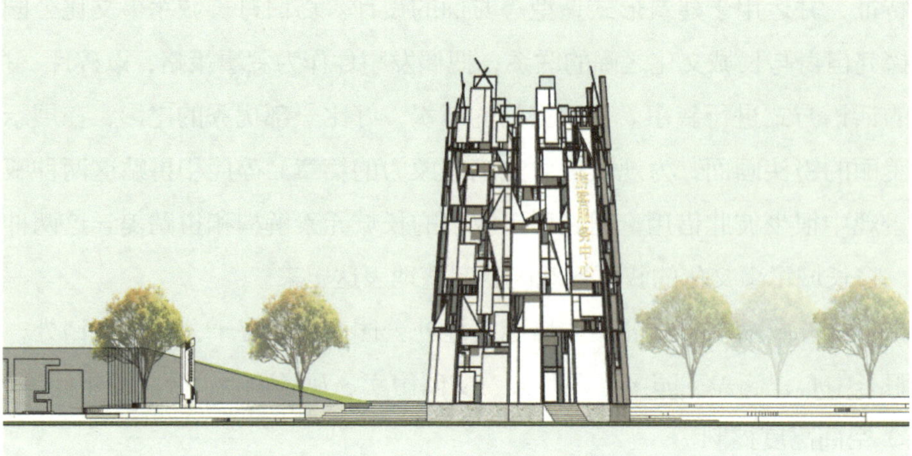

图 6-34 坊口村长城军事文化公园烽燧楼游客服务中心立面图

图 6-35 坊口村长城军事文化公园烽燧楼游客服务中心效果图

2）叙事文化传递

长城军事文化性是坊口村长城军事文化公园叙事景观本质所在，同时也是公园重要的叙事文本内容，通过表层表象对深层次的军事文化进行表达。烽燧楼游客服务中心以地形特征为依托，能够使观众认同感提升。同时，在设计过程中将叙事审美文化当中的“拼贴之美”等长城文化特征进行了有效结合，并在建筑造型方面加以应用，强调长城叙事文化的传递。

3）造型色彩

建筑方面，烽燧楼游客服务中心采用哑光钢板表皮、钢架结构和混凝土地台等为主要建设材料，配合透水混凝土地面铺装，使得长城现代化叙事处理手法得到很好的应用，色彩的主要色调为长城灰，符合长城的质朴风格。通过抽象拼贴的方式，将长城的烽燧楼形态应用到公园的最高建筑，建筑形态很好地将历史碎片表达出来，这和公园的长城文化记忆主题相契合，两者相得益彰。

4）周边景观道路

作为山地公园，其山体向山顶汇聚。周边景观道路在设计过程中，采用垂直等高线的方式，将道路纵深感提升，让视线更好的集中于烽燧楼游客服务中心。在周边地形较为陡峭的地方，则选择平行等高线的方式，由于指引性不足，可以选择透景线设计，使视线得到很好的控制。

2. 随机美学

传统意义上的叙事会借助结束来完成最后的蜕变，收获“最终的愉悦”，从而激发自身的满足感。如果故事没有设置结局，人们将会陷入失落，极具挫败感。与之相反，坊口村长城军事文化公园的叙事往往多线性展开，甚至不设置结尾。长城文化通过注释被强化，甚至转移，故事结局更具开放性，积极引导观众参与，满足观众的想象可能性。经典叙事强调结构主义，结构限制了文体形式，成为一个固化、静止的封闭空间。虽然随机美学的叙事意义同样需要通过文本序列、叙事空间等实现，但随机美学包含了文本的自由流动和逐步变化。随机美学的叙事意义也因人而异，受感受主体影响。坊口村长城军事文化公园的随机叙事意义成为观众的新研究对象，如图6-36所示，长城砖被抽象出来成为公园的雕塑以及拥有座椅休憩的功能，对观众之间以及作用于设计之间的协调结果重新建构和定义。

3. 结构隐喻和链接美学

传统艺术主张在阅读中提升赏析能力，新型叙事体验方式主张借助新媒体艺术手段完成浏览、参与、互动等交互行为，读者与作品之间不仅是观看和聆听，还可以完成心灵与体验的交互融合。作品是作者和读者之间进行交流的媒介，读者的思想意识通过作品进行投射，将自身想法赋予作品当中，完成作品再创造，创作的部分成为新的被解读的部分，这也是体验式叙事作品的意境所在，感知体验叙事把读者对作品的见解和思考转变为对作品的参与性体验，完成了心灵旅行，体验了新型阅读之美。单一感官通道的作品，如文学或音乐以其抽象而隐喻的话语展开叙事表现，需要读者或听众结合个人的审美经验与想象，在创造性的阐释过程中衍生作品的意义。坊口村长城军事文化公园除了通过展场的沉浸式设计，借助现代数字影像技术将直观的形象展现在观众面前来获得作品与观众的近距离接触，作品的全方位展示也可以为观众提供精神上的审美感受。

图 6-36 坊口村长城军事文化公园长城砖休闲座椅效果图

6.4.4.2 长城军事文化与人文生态重构

长城和军堡的选址与地形作为坊口村长城军事文化公园叙事中的重要部分，应让观众了解到军堡的选址特点一般为居高山上、扼守山谷；谷中盆地、水路并重；背山面水、道中下寨；沙漠荒原、城墙相护。同时应满足观众的基本需求，具体包括心理需求、生理需求以及文化需求等方面。在融入大自然景观时，叙事感体现得淋漓尽致，特别是身处长城的奇观异景、魅力独特的自然环境当中，人们更容易获得灵感，将山水、地形美景同样作为坊口村长城军事文化公园重要的叙事因素。将运动等诸多要素引入公园的自然环境中，公园的慢跑道（如图 6-37 所示）和长城砖座椅为公园自然景观注入新的活力与情感，使其更具场所感，从而激发使用者参与活动的热情。其相关效果如图 6-38 和图 6-39 所示。

低影响开发措施在应对环境变化适应以及应对自然灾害方面，拥有着较好的弹性要求，例如下雨时要考虑吸、蓄、渗、净等需要，需要对蓄存之水充分释放并且能够有效利用。低影响开发措施要严格遵守生态优先原则，实现人工措施、自然途径的有效结合，保证排水防溃安全，对雨水实现最大程度积存、渗透以及净化利用，保证水资源得到有效利用，并保护生态环境。透水铺装、植草沟、下沉绿地、雨水罐等都是场地低影响开发措施。在山林区可以对天然植被带进行相应设计，使雨水冲刷速度下降，山体环路、连接道路可以安排透水铺装设计，并且一侧配备植草沟，满足雨水传输需要。终端则配备种植湿塘、下沉绿地，既实现对雨水的收集，也能够完成自然渗透。再有，通过设置雨水罐储存雨水，以满足公园用水。

图 6-37　坊口村长城军事文化公园慢跑道效果图

图 6-38　坊口村长城军事文化公园鸟瞰图 1

图 6-39　坊口村长城军事文化公园鸟瞰图 2

6.5　本章小结

经典叙事学的研究焦点主要集中在“故事”本身层面。故事的叙事主题是否能够激发观众的兴趣将直接决定该叙事作品的观众参与度。在叙事过程中观众的个性化阅读显现出个体特征，情节持续推动事件不断向前发展。叙事的情节推动以相关参与者为主要推动力，互动式的叙事场景将使参与者进入一种特定的体验空间，观众似乎融入情景之中，通过角色体验而深刻感知历史情节。坊口村军事文化叙事表达过程如表 6-4 所示。

表 6-4　坊口村长城军事文化叙事表达过程

叙事景观文本	主题营造	坊口村长城军事文化展示			
	情节发展	开端	发展	高潮	尾声
	场景	发现、遥望过去；接近历史，与长城军事文化相遇	了解长城历史；了解军事战役故事，精神防御、军事管理制度、军堡城池规模等的建筑布局艺术特点等内容	与长城军事文化互动；思考长城背后的意义	赞叹长城的宏伟；形成保护长城观念，继承和弘扬长城精神文化
	线索编排	嵌套：当下与过去两个时空的交汇	隔离：当下与过去的两个时空互不干扰	并列、嵌套：当下与过去对话、穿越	立体螺旋：纵线维度连接当下与未来
	参与体验	对于叙事信息的未知	引导了解叙事信息	引发叙事信息的反思	记忆叙事的事件
形式表达	形态构建	开阔的广场	部分场景复原空间，限制特定的环境	互动式空间、封闭式无采光体验空间	自然光线充足、开阔的空间

第 7 章　结语

通过对场地自然条件的分析调研，对长城军事文化的探究以及对文化记忆的探寻，结合叙事景观设计的方法，使长城军事文化公园的设计方案合理且充分。叙事景观的设计旨在在主题与结构之间建立有意义的关系，从而创造性地把多个空间组织成一种具有内在张力和逻辑的程序，在景观空间中通过实施各种叙事修辞方案营造出特有的场所意义与体验感，让观众可以在这里学习长城军事文化并娱乐休闲，这里注重的是参与体验。

长城军事文化公园建设的最终目的是为观众提供长城军事文化科普学习的场所，并满足部分周边居民的日常生活游憩的地方需求。由叙事性的角度介入景观设计学科可为当代长城军事文化公园建设的理论与实践抛砖引玉，同时为长城军事文化公园设计传达信息、意义提供可行的方法策略。理论探讨过程中与坊口村长城军事文化密切结合，并运用叙事性设计方法，创造出场地和观众之间的“沟通”与“对话”，使得场地的可阅读性与吸引力得到提高。通过对景观进行叙事性设计，巧妙地在现代设计语汇中融入当地的文化与哲学，在场地与使用者之间架起一座精神的桥梁。通过研究国内外叙事理论和经典案例，对现代的叙事景观设计进行研究总结，希望可以将其运用到坊口村长城军事文化公园的设计实践中并获得关于叙事体验意义的方法。

当然，本书也存在着一定的局限性。在叙事学理论研究过程中，本书仅是从与长城军事文化公园的景观设计有较高契合度的基本叙事理论的基础上对叙事性设计进行了研究，研究所知有限以及叙事学具有复杂性与综合性，不能面面俱到。在实地调研中，由于作者个人时间、精力有限，只针对较为熟悉的坊口村长城军事文化公园的叙事设计进行了深入分析，同时由于收集到的资料有限，也不能囊括公园所展示的明长城的所有历史信息，对其进行全面的研究。希望以后有更多的机会加以完善。

插图清单

表格清单

参考文献

[1] 康德. 历史理性批判文集[M]. 何兆武，译. 北京：商务印书馆，1990.
[2] 曼弗雷多・塔夫里，弗朗切斯科・达尔科. 现代建筑[M]. 刘先觉，等译. 北京：中国建筑工业出版社，2000.
[3] 勒・柯布西耶. 明日之城市[M]. 李浩，译. 北京：中国建筑工业出版社，2009.
[4] 陈曦. 建筑遗产保护思想的演变[M]. 上海：同济大学出版社，2016.
[5] 梁思成. 梁思成全集[M]. 北京：中国建筑工业出版社，2001.
[6] 汉诺-沃尔特・克鲁夫特. 建筑理论史：从维特鲁威到现在[M]. 王贵祥，译. 北京：中国建筑工业出版社，2005.
[7] 陆邵明. 建筑叙事学的缘起[J]. 同济大学学报（社会科学版），2012，23(5)：25-31.
[8] 陆邵明. 景观叙事：解码海派古典园林[M]. 北京：中国建筑工业出版社，2018.
[9] 卜琳. 中国文化遗产展示体系研究[M]. 北京：科学出版社，2013.
[10] 樊雪崧. 早期敦煌石窟本缘故事图像研究[D]. 南京：南京艺术学院，2022.
[11] 刘君敏，张玲. 图绘、空间、时代、叙事：明代绘画中的园篱与早期园林形态[J]. 中国园林，2021,37（7）：118-123.
[12] 王冬松. 中国古代绘画题款的叙事结构和图像特征[J]. 中国美术研究，2012（3）：73-76.
[13] 赵敬鹏.《水浒传》小说成像研究[D]. 南京：南京大学，2015.
[14] C. M. 爱森斯坦. 蒙太奇论[M]. 北京：中国电影出版社，1998.
[15] 马修・波泰格，杰米・普灵顿. 景观叙事：讲故事的设计实践[M]. 张楠，等译. 北京：中国建筑工业出版社，2015.
[16] 方闻. 超越再现：8 世纪至 14 世纪中国书画[M]. 李维琨，译. 杭州：浙江大学出版社，2011.

[17] 李宾. 首钢工业景观发展、变迁与再现途径研究[D]. 北京：清华大学，2021.
[18] 邱天怡. 审美体验下的当代西方景观叙事研究[D]. 哈尔滨：哈尔滨工业大学，2014.
[19] 陈烨. 景观环境行为学[M]. 北京：中国建筑工业出版社，2019.
[20]张莉莉. 中国园林美学视角下的济南山水城市营造研究[D]. 天津：天津大学，2017.
[21] 李大厦. 路易・康[M]. 北京：中国建筑工业出版社，1993.
[22]俞孔坚. 景观的含义[J]. 时代建筑，2002（1）：14-17.
[23]张斌. 城市广场的叙事解读[J]. 新建筑，2006（3）：34-37.
[24]米克・巴尔. 叙述学：叙事理论导论[M]. 3 版. 谭君强，译. 北京：中国社会科学出版社，2015.
[25]徐磊青，杨公侠. 环境心理学[M]. 上海：同济大学出版社，2002.
[26]CID R. Group interaction and VR storytelling in museums[C]//Virtual storytelling. Using virtual reality technologies for storytelling. Berlin：Springer，2003.
[27]杨燕迪. 跨时空对话：谭盾新作《复活之旅》观后[J]. 人民音乐，2004（1）：17-19.
[28]LEV M. Generation flash[C]//New media，old media：a history and theory reader. New York：Routledge，2006.
[29]迈克尔・海姆. 从界面到网络空间：虚拟实在的形而上学[M]. 金吾伦，刘钢，译. 上海：上海科技教育出版社，2000.
[30]蒂姆・伯纳斯・李，马克・菲谢蒂. 编织万维网[M]. 张宇宏，萧风，译. 上海：上海译文出版社，1999.
[31] 吴艺璇. 叙事性景观中的隐喻性研究[D]. 南京：南京艺术学院，2019.
[32]刘珊珊. 明长城居庸关防区军事聚落防御性研究[D]. 天津：天津大学，2011.
[33]黄鸣奋. 新媒体与西方数码艺术理论[M]. 上海：学林出版社，2009.
[34]王克敏. 基于景观叙事的游客体验研究：以密云县古北水镇为例[D]. 北京：北京林业大学，2016.
[35]李严. 明长城"九边"重镇军事防御性聚落研究[D]. 天津：天津大学，2007.
[36]王杰瑜. 明代山西北部聚落变迁[J]. 中国历史地理论丛，2006（1）：113-124.

[37]理查德·布赖斯. 多媒体与虚拟现实工程[M]. 张永辉，译. 北京：中国电影出版社，2000.
[38]刘茜茜. 叙事性景观多维传感法研究：以望城县两湖公园景观设计为例[D]. 长沙：中南大学，2011.
[39]陈瑜. 电影悬念的叙事分析[D]. 上海：上海大学，2009.
[40]李沁茹. 城市公共空间记忆生成的叙事性建构[D]. 无锡：江南大学，2009.
[41] 孙为. 交互式媒体叙事研究[D]. 南京：南京艺术学院，2011.
[42]沈华玲. 景观叙事的方法研究[D]. 长沙：中南大学，2008.
[43]翟剑科. 景观空间设计的叙事性研究[D]. 西安：西安建筑科技大学，2010.
[44]孟令辉. 论景观的叙事性设计[D]. 北京：北京林业大学，2009.
[45]纪慧娟. 明代驿传与经济的发展[D]. 芜湖：安徽师范大学，2004.
[46]王晓敏. 文化线路遗产视角下的太行山陉道研究[D]. 哈尔滨：黑龙江大学，2018.
[47]赵娜. 山西省娘子关风景名胜区传统村落可持续发展规划策略研究[D]. 北京：北京交通大学，2015.
[48]王国维. 地域化背景下安塞地区若干村落空间形态的演变研究[D]. 西安：西安建筑科技大学，2012.
[49]段林峰. 虚拟现实技术在古村落保护中的应用[D]. 南昌：江西师范大学，2016.
[50]宋晓英. 基于 GIS 的乡村聚落空间格局演化与驱动力分析：以蔚县为例[D]. 石家庄：河北师范大学，2015.
[51] 王珺. 北京驿道沿线村落演变与空间形态特征研究：以延庆地区为例[D]. 北京：北京建筑大学，2015.
[52]曹迎春. 明长城宣大山西三镇军事防御聚落体系宏观系统关系研究[D]. 天津：天津大学，2015.
[53]刘建军. 明长城甘肃镇防御体系及其空间分析研究[D]. 天津：天津大学，2013.
[54]王琳峰. 明长城蓟镇军事防御性聚落研究[D]. 天津：天津大学，2011.
[55]赵紫薇. 明长城山西镇防御性军事聚落研究[D]. 天津：天津大学，2012.
[56]徐凌玉. 明长城军堡形态规制研究与比较：以西北地区为例[D]. 天津：天津大学，2014.
[57]杨申茂. 明长城宣府镇军事聚落体系研究[D]. 天津：天津大学，2013.

[58]何圳泳. 涞源县明长城军事防御体系研究[D]. 保定：河北大学，2016.
[59]李云鹏. 意大利托斯卡纳园林艺术研究[D]. 上海：上海大学，2018.
[60]朱刚. 基于文化遗产展示的山地历史文化村镇保护研究[D]. 重庆：重庆大学，2017.
[61] 文基安. 台式园林的起源探索及在中国山地别墅中的应用[D]. 杭州：浙江大学，2015.
[62]倪胤. 历史文化主题公园发展研究：以曲江为例[D]. 西安：西安建筑科技大学，2013.
[63]王晶. 国内外历史文化遗产保护与开发比较研究：以肇庆和意大利为例[J]. 城市建筑，2019，(612)：80-81.
[64]刘磊. 明长城北京段展示利用研究[D]. 北京：北京建筑工程学院，2012.
[65]邸玮. 汉长城玉门关段遗址保护规划研究[D]. 西安：西安建筑科技大学，2007.
[66]刘珊珊，张玉坤，陈晓宇. 雄关如铁：明长城居庸关关隘防御体系探析[J]. 建筑学报，2010(S2)：14-18.
[67]李哲，张玉坤，李严. 明长城军堡选址的影响因素及布局初探：以宁陕晋冀为例[J]. 人文地理，2011，26(2)：103-107.
[68]李严，张玉坤，李哲. 长城并非线性：卫所制度下明长城军事聚落的层次体系研究[J]. 新建筑，2011(3)：118-121.
[69]曹迎春，张玉坤，张昊雁. 基于 GIS 的明代长城边防图集地图道路复原：以大同镇为例[J]. 河北农业大学学报，2014，37(2)：138-144.
[70]严共明. 紫荆关 雄关雄姿雄风名贯天下[J]. 中国地名，2013(10)：62-63.
[71] 张洪印，孙钢. 畿南第一雄关：紫荆关[J]. 文物春秋，1996(1)：51-52，56，95.
[72]李严，张玉坤，李哲. 军堡中的里坊制：一项建筑社会学的比较研究[J]. 哈尔滨工业大学学报(社会科学版)，2012，14(4)：27-30.
[73]董耀会. 常山关因与居庸关紫荆关合称万里长城的内“三关”而声名远扬[J]. 中国地名，2014(1)：64-65.
[74]李严，张玉坤. 明长城军堡与明、清村堡的比较研究[J]. 新建筑，2006(1)：36-40.
[75]王琳峰，张玉坤. 明长城蓟镇戍边屯堡时空分布研究[J]. 建筑学报，2011(S1)：1-5.

[76]曹迎春，张玉坤.明长城宣府镇军事防御聚落时空变迁探索[J].建筑与文化，2015（9）：138-140.
[77]何圳泳.涞源县明长城军事防御体系述论[J].保定学院学报，2016，29（6）：127-132.
[78]MARK H. Amsterdam opens a new culture park[J]. Landscape architecture，2004，94（11）：60-68.
[79]THOMAS M W，MATTHEW P，JAMIE P. Landscape narratives：design practices for telling stories[J]. APT bulletin，1999，30（2/3）：79.
[80]RANDY M. Economics and heritage conservation：a meeting organized by the getty conservation institute，december 1998[M]. Los Angeles：Getty Conservation Institute，1999.
[81]STALE N，RICHARD C R. Valuing cultural heritage：applying environmental valuation techniques to historic buildings，monuments and artifacts[J]. Journal of cultural economics，2002，27（3）：287-290.